災害廃棄物ガイドブック

平時からみんなで学び，備える

（一社）廃棄物資源循環学会 編

朝倉書店

執筆者

浅利美鈴 （あさり みすず）　一般社団法人 廃棄物資源循環学会 災害廃棄物研究部会長
京都大学大学院地球環境学堂

荒井和誠 （あらい かずみ）　東京都環境局多摩環境事務所

石垣智基 （いしがき とものり）　国立環境研究所

蛯江美孝 （えびえ よしたか）　国立環境研究所

遠藤和人 （えんどう かずと）　国立環境研究所

大迫政浩 （おおさこ まさひろ）　国立環境研究所

太田弘巳 （おおた ひろみ）　熊本県産業支援課

奥田哲士 （おくだ てつじ）　龍谷大学先端理工学部

小林深吾 （こばやし しんご）　ピースボート災害支援センター

佐伯 孝 （さえき たかし）　富山県立大学工学部

神保有亮 （じんぼ ゆうすけ）　国立環境研究所

鈴木慎也 （すずき しんや）　福岡大学工学部

高田光康 （たかた みつやす）　国立環境研究所

多島 良 （たじま りょう）　国立環境研究所

茶山修一 （ちゃやま しゅういち）　横浜市資源循環局

築地 淳 （つきじ まこと）　一般社団法人 廃棄物資源循環学会

夏目吉行 （なつめ よしゆき）　公益財団法人 廃棄物・3R研究財団

眞鍋和俊 （まなべ かずとし）　応用地質株式会社

水原詞治 （みずはら しんじ）　龍谷大学先端理工学部

森 朋子 （もり ともこ）　国士舘大学政経学部

森嶋順子 （もりしま じゅんこ）　国立環境研究所

安富 信 （やすとみ まこと）　神戸学院大学現代社会学部

矢野順也 （やの じゅんや）　京都大学環境安全保健機構附属環境科学センター

吉澤和宏 （よしざわ かずひろ）　熊本県環境生活部

まえがき

　東日本大震災から10年が経過しました．読者の皆様も様々な想いでこのときを迎えられたことでしょう．あの震災は筆者の研究にも，人生や価値観等にも，非常に大きな影響を与えるものでした．筆者は震災当日は，関東に出向き，地震の大家である尾池和夫先生（第24代京都大学総長）から，地球科学について学んでいました．先生から，日本列島の地震予測等を聞いた直後に，揺れに襲われました．寒空の中での避難，関東方面の混乱，忘れることはないでしょう．

　その後，街を飲み込む津波や甚大な被害の様子，福島関連の報道等に何も手につかない日が続きました．そのような中で「廃棄物の研究者集団としてできることはないか」と立ち上がったのが，廃棄物資源循環学会の研究者たちでした．特に若手の強い提案や率先行動が，幹部を突き動かす形でタスクチームが動き出し，発災2週間後から現地支援活動が始まりました．遠隔で，全国の学会員が百人単位で，必要な情報収集や整理に当たりました．調査や研究を超え，「被災地の復興に少しでも役立ちたい」と心は一つでした．平時の廃棄物管理も，同じような志向の学会員が多いと思いますが，こうして一丸となった瞬間は，苦難の中にも光を見る思いでした．

　当時の若手研究者も中堅となり，これから循環型社会構築に向けて社会をリードする立場になります．本書は，そんなメンバーが，最新の災害廃棄物管理について，できるだけ多くの人にお伝えできるようにと，心を寄せて書きました．

　この間，災害廃棄物管理は劇的に進化しました．また，災害廃棄物管理は専門家や自治体担当者だけでなく，住民やボランティア，つまり，ありとあらゆる人にとって「わがこと」になりつつあります．しかし，迫りくる南海トラフ地震や首都直下地震のことを考えると，どこまで備えを進め，広げることができるか…焦りも感じる今日この頃です．本書を手にとり，私たちの仲間となり，災害廃棄物管理について考え，行動してくださる方が，一人でも増えることを願っています．

　2021年8月

　　　　（一社）廃棄物資源循環学会 災害廃棄物研究部会長　浅利美鈴

災害廃棄物は，住民，ボランティア，行政，事業

● 住民の助けあいと，ボランティアの大切さ

　被災した住民の方は，自分で壊れた家財や家に入り込んだ土砂等を片付けなければなりません．ただでさえ被災して心身ともに疲れきっている中での片付けは，大変な負担です．そのような状況では，災害ボランティア等の支援や，自治体等との正確でオンタイムな情報共有が欠かせません．

　しかし，コロナ禍等の事情でボランティアが不足する事態も予測され，より一層，地域の助けあい・支えあいが重要となりそうです．

> まずは自身の立て直しや維持を，その上で弱者への配慮も．

●東日本大震災における災害ボランティア
（龍谷大学ボランティア・NPO活動センター提供）

災害ボランティア

被災者の
ごみ出し支援

被災家屋

住民（被災者）

適切なごみ出し
と助け合い

被災自治体の
計画立案等

**都道府県
D. Waste-Net**

● 他人ごとではなく，先送りもできません

　「自分には関係ないだろう」「いつくるかわからないし」と思いがちですが，昨今の災害をみていると，決してそうでないことがおわかりいただけるでしょう．

　災害廃棄物の管理はわれわれみんなに関係あることです．

　「備えあれば憂いなし」の心で，本書等も利用して，一緒に基本的なことから学んで，備えを始めませんか？

者等，みんなで取り組む必要のある課題です

● 市町村は，都道府県や国，民間事業者とも協力を

　災害廃棄物の処理は，市町村が中心になって進めることになります．しかし，普段処理している家庭ごみに比べて，膨大な量で，中身も違いますので，都道府県や他の自治体，国や民間事業者などの協力が必要となります．いざというときにスムーズに協力してもらえるよう，日頃から，顔の見える関係性を構築しておくことが重要です．

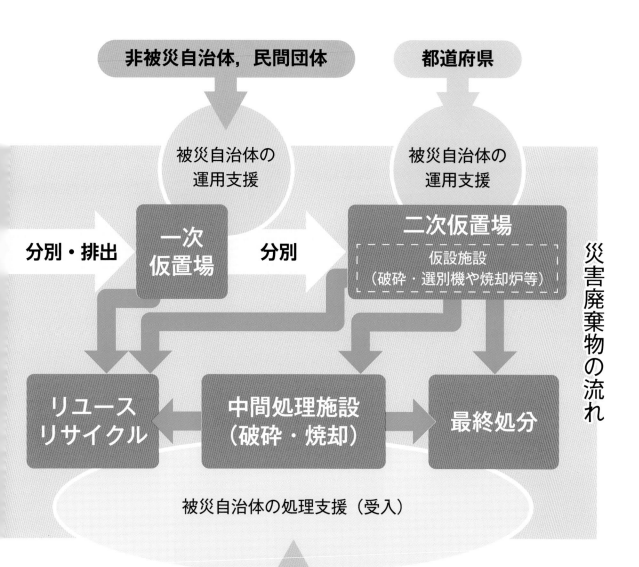

⬤ 災害廃棄物への対応は待ったなし

　自宅にいても，避難所にいても，壊れた家財に囲まれ，泥まみれの状態では暮らしていられません．発災直後は，人命救助が最優先となりますが，災害廃棄物の片付けも，直後から，並行して始まっています．

●家中のものがひっくり返って物理的に生活環境が奪われたケース
（浅利美鈴撮影）

●令和2年7月豪雨（熊本）
（浅利美鈴撮影）

令和2年7月豪雨（熊本）愛着のあるものが壊れ，処分しなければならないことも多々．被害の大小にかかわらず，精神的なダメージも大きい．

人吉市・熊本県・内閣府・防衛省・自衛隊・環境省・トラック協会・熊本県産資協の支援により，自衛隊員が「大型ごみ一掃大作戦」を開始したときの様子．

⬤ 復旧・復興に不可欠な第一歩

　災害廃棄物が片付かなければ，街や暮らしの復興は進みません．少しでも早い復興のため，分別・処理への理解と協力が欠かせません．

　例えば，片付けごみの出し方を工夫し，道端に災害ごみがあふれる状態を防ぐことができれば，自治体の負担が減り，初動対応の混乱が緩和され，生活環境の悪化の防止にもつながります．

左は地震直後（2016年），右は2017年3月

●熊本地震後，災害廃棄物の処理が進展している様子
（環境省：https://www.env.go.jp/policy/hakusyo/h30/html/hj18010402.html）

復旧・復興の第一歩としても重要です

●災害廃棄物でも分別が重要

　ごみの分別は当たり前のようになってきましたが，災害廃棄物においても，分別は重要です．「ただでさえ，様々なダメージを負っておられる被災者の方々に，分別まで求めるのは酷だ」という声もあります．しかし，その後の流れを知っていただくと，可能な範囲で分別することの重要性を理解していただけるのではないかと思います．また，分別することで，被災者にもメリットがある仕組みの模索も始まっています．

分別が重要な理由

- 最終処分場（埋立地）が逼迫している日本では，災害廃棄物でも，分別・リサイクルを進めることが必須
- そのためには，できるだけ上流（発生源≒被災家屋）から分別することが効率的
- 結果的に，受け入れや処理が早く進み，復旧・復興に貢献できる

分別・リサイクルの実態

- 一般的な災害廃棄物の一次仮置場での分別〜は，右上の通り
- これらの分別に応じて，リサイクルや処理が進められる
- 最近の災害では，最終的なリサイクル率7〜8割を達成している

分別にあたってのポイントや注意点

- 被災者の方は，くれぐれも無理のない範囲で
- 仮置場の分別項目を念頭に，家から出す際や箱・袋詰めする際に，分けておく
- 「急がば回れ」の心で，仮置場での受け入れに関する状況を，できるだけ把握した上で進める

	木くず（家具類）	コンクリートがら	木くず	
布団類				瓦
畳				石膏ボード・スレート板
家電類		ガラス陶磁器くず	金属くず	
消火設備　受付	出入口			

道路 →

●一次仮置場の分別例
（環境省関東地方環境事務所：「市町村向け災害廃棄物処理行政事務の手引き」（http://kanto.env.go.jp/post_9.html）をもとに作成）

分別されたものを優先的に受け入れる試みが一定の成果をあげた．上は9日15時頃，下は14日10時頃

●令和2年7月豪雨（熊本県人吉市）でのアクセス道の様子
（資料：環境省，人吉市ほか）

● 災害時に出るごみの種類と注意点の例 ※自治体によって異なる場合があります

	生活ごみ	避難ごみ
普段のごみとの違い	停電により生ごみが増えるなどの可能性がある	普段の生活ごみと比べると支援物資の容器包装や使い捨て製品が多い
（災害）廃棄物の中身の例と注意点	✓ 可燃ごみ／燃やすごみ ✓ プラ製容器包装 ✓ 缶びん PET ボトル ✓ 紙類 ✓ 金属類，有害・危険物 ※災害で発生したものでも，適切に処置したもので，大量でない場合，通常のごみとして排出可能	・原則として通常の分別・排出方法を踏襲する ・ただし，プラ製容器包装や缶，びん，PETボトル，紙類など，しばらく保管可能なものは，回収頻度を下げる可能性もあるので協力を

収集の効率を下げてしまうので，生活ごみと災害廃棄物は分けて出す．

●生活ごみと災害廃棄物が混ざった様子
（国立環境研究所提供）

分別や処理のポイントがわかります

災害廃棄物		し尿
平時には出ない（平時には，不要になった時点で，大型ごみやリユース／リサイクルに出すものが多い）		平時には出ない形態のものがある
・自治体が決めた**分別ルールに従って，決められた場所に排出する** ・袋に入れる場合は，分別し，中身が確認できるよう，**透明・半透明な袋に** ・有害・危険物等は**ラベリングを**		簡易トイレ等 ・自治体が決めた分別ルールに従って，すみやかに処理する

★すべて災害で破損したもの

（分別例）

✓ 粗大ごみ（家具・布団類等）

✓ 家電4品目

　（洗濯機，エアコン，テレビ，冷蔵庫）

✓ その他の家電製品，機器類

✓ 石膏ボード・スレート板

✓ ガラス・陶磁器くず

✓ 瓦

✓ 金属くず（自転車等）

✓ 畳

✓ 木くず

✓ 可燃物（プラスチック・衣類等）

✓ 有害・危険物

✓ 土砂，泥

冷蔵庫の中の食品や調味料，飲料等はすべて出して，通常のごみ処理へ

食品等の生ごみは，通常の「可燃ごみ」等へ

災害廃棄物の危険性から身を守るため，

◉ 長袖・長ズボン，マスク，メガネ，しっかりした履物の着用を

災害廃棄物には，何が入っているかわかりません．各種感染リスクの他，有害・危険物での事故の可能性もあります．季節や物資調達状況によっては，重装備が難しい場合もあると思いますが，できる限り，安全を確保してください．

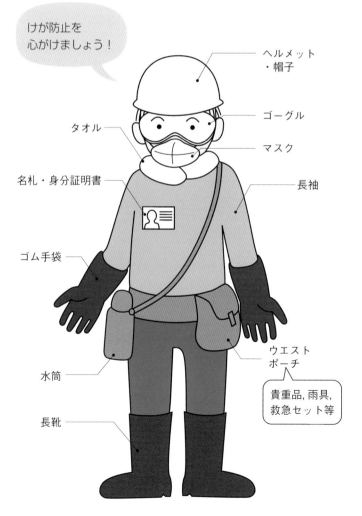

けが防止を
心がけましょう！

- ヘルメット・帽子
- ゴーグル
- マスク
- 長袖
- ウエストポーチ
  - 貴重品，雨具，救急セット等
- タオル
- 名札・身分証明書
- ゴム手袋
- 水筒
- 長靴

●泥出しの場合の服装例

◉ 有害・危険物の例

（処理方法は例です．実際には自治体の指示に従ってください．）

▶ ボンベ，灯油（ストーブ），廃油，廃液等
◆漏洩しないよう確認し，分別

●ガスボンベ
（熊本県人吉市仮置場管理者提供）

●廃油，廃液，灯油など
（熊本県人吉市仮置場管理者提供）

▶ 蛍光管・ランプ類
◆水銀を含む
※ガラスも割れると危険
◆できるだけ割れないようにして分別排出

●蛍光灯
（熊本県人吉市仮置場管理者提供）

知っておいていただきたいことがあります

　身の回りには，多くの有害・危険物があります．実は，普段の生活でも取り扱いに注意が必要なのですが，発災時には，一気に処分が求められますので，見分け方や注意点を確認できるようにしておきましょう．なお，完全に見分けることよりも「予防原則」の考え方で「危険そうなものには安全よりで対応する」ことが重要です．

▶ PCB含有トランス・コンデンサ等
◆漏洩等しないように梱包・ラベリングして分別排出

▶ スプレー缶・カセットボンベ
◆爆発等の危険性あり
◆安全な場所でガス抜きして金属類等として排出
※最近の製品には「ガス抜き機構」がついている

●スプレー缶・カセットボンベ
（浅利美鈴撮影）

▶ アスベスト（石綿）
◆飛散しないよう梱包・ラベリングして分別排出

▶ 注射針等の医療系廃棄物や 刃物等鋭利な物
◆怪我をしないように注意し，梱包・ラベリングして分別排出

▶ 消火器
◆分別排出

●分別された消火器
（鈴木慎也撮影）

▶ リチウムイオン電池
◆発火や爆発等の危険性あり
◆ビニールテープなどで絶縁処理して分別排出
　（電池リサイクル）
◆水に触れるのも危険！

▶ バッテリー

●バッテリー
（熊本県人吉市仮置場管理者提供）

▶ 腐敗性のもの（畳等）
◆害虫発生等衛生面のリスクだけでなく発火リスクもあり

● 身を守ることにも，
普段の暮らしの見直しにも，つながる対策

　住宅の耐震化や家具の固定などの防災対策は，身の安全確保につながるだけでなく，災害廃棄物の削減にも有効です．

　また，災害廃棄物が大量に発生する理由を考えていくと，そもそも，私たちが物を多く持ちすぎているのではないかという考えにも行き当たります．

　コロナ禍等で，改めて断捨離をされたという方も多いようです．また，それ以前から，新旧多様なシェアの仕組みが見直され，広がっています．今一度，物の購入や所有について考えてみませんか？

このような日頃からの備え等を発信している自治体もあるので，平時から確認しておきましょう
（例：札幌市「もしもの時の災害廃棄物処理の手引き」
https://www.city.sapporo.jp/seiso/keikaku/documents/
saigai_tebiki.pdf）

水害の多いアジアの国・地域では，大雨の予報になると，電化製品や貴重品等を2階にあげることが習慣になっているところもある．

本棚やタンス等は，転倒防止のため，災害対策用の強度のあるつっぱり棒やL字金具などで固定する．重いものや壊れそうなものは，できるだけ下の方に置く．

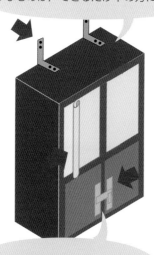

●浸水が多いのであまり
1階に家財道具を置か
ない暮らしの様子
（石垣智基撮影）

食器棚は，棚の固定に加えて，中の食器が壊れて飛び散らないように工夫を．滑り止めシート，落下防止バー／ひも等を活用すると同時に，ガラス飛散防止フィルムを貼る．

不要になったものは，普段から処分して，すっきりとした暮らしを．

（ホームページ：ハイムーン工房ギャラリーより）

発災前から始まっています

● 人のつながり

　発災時，様々なインフラが途絶えたり，通信もできなくなったりした際に，最後に残るのが「口コミ」つまり，人と人とのつながりによる情報伝達です．

　ご近所づきあいなどは，日頃は面倒と思うこともあるかもしれません．しかし，最低限，適度な関係を保つことで，いざというときに備えるようにしたいものです．

●ふだんからつながりを持とう！

● 練習の大切さ

　日頃の訓練やイメージトレーニングも大切です．地域の防災訓練などで，非常用トイレの使い方を試してみたり，災害廃棄物の分別や注意点を確認してみたりするのも良いでしょう．

　自治体職員の方は，定期的に災害廃棄物処理計画や住民の方への周知・広報内容を見直したり，人材育成プログラムを実施したり，被災地の支援や視察・研修に参加したりして，スキル維持と向上を目指していただきたいと思います．必ずや，日頃の廃棄物行政にとっても得るものがあるはずです．

● 災害廃棄物とSDGs

　国連の持続可能な開発目標（SDGs）のアイコンは，みなさまも目にしたことがあるでしょう．SDGsには，災害廃棄物対応にも関連するゴールが多く含まれます．「誰一人取り残さない」というコンセプトも，共通するものとして念頭に置いて取り組む必要があります．

　SDGsの17の目標を関連する取組の例として，

　災害時にも強い情報インフラ等の整備，災害に強い街づくり，災害廃棄物の分別・リサイクル，気候変動による災害の緩和と適応（災害廃棄物リスク低減），関係者が連携して災害廃棄物対応（国際連携も）等

　があります．災害廃棄物について考えることは，ふだんのくらしについてみつめ直すことにもつながります．本当に必要なもの，是非考えてみてください．

	被災者（自宅にいると想定します）
発災前	□避難場所や避難経路の確認 □家具の固定 □避難グッズや非常持出品の管理 □家庭の有害・危険製品の管理　等
事前の警報 （緊急地震速報等）	□火を付けていたらすばやく始末 □ドアや窓を開けて逃げ道を確保 □自分の身を守る（机の下に）
発災 1分	□火元を確認・初期消火　　□非常持出品を用意する □家族の安全を確認 □がけ崩れが予想される地域はすぐ避難 □靴を履く
3〜5分	□隣近所の安全確認 □余震／本震に備える　★数か月後まで □ラジオ等で状況確認 □電話等での通信は必要最低限にする □家屋倒壊の恐れがあれば避難する
5〜10分	□ガスの元栓を閉め，電気のブレーカーを落とし，出火防止 □自宅を離れる場合はメモを残す
10分〜数時間	□消火・救出活動（10時間以内は本格的な応援は見込めない．72時間以内が人命救出の目安）
〜3日程度	□本格的な支援は見込めないので，生活必需品は備蓄品等でまかなう □災害情報や支援情報の収集 □倒壊した家屋等には近づかない □一人で自宅や倒壊地域に行かない □ごみの収集ルールを確認する □すぐに廃棄しなくてもよいものは状況をみてタイミングを判断する
避難所生活／支援現場	□自主防災組織を中心に活動を □集団生活のルールを守る □助け合いの心を ☆トイレ問題への工夫や協力も重要

大雨等の場合は，安全を確認し，家財を2階や高いところに移動させて早めに避難

発災

背丈位の火なら消火器で対応可能！

次を参考に筆者が作成　参考：大和郡山市（http://www.city.yamatokoriyama.nara.jp/life/emergency/bousai/000449.htm），災害廃棄物処理・分別マニュアル，ぎょうせい（2012），

職場でもできるイメトレ！災害廃棄物対策

支援者（ボランティア）

□ボランティア保険への加入（年度額数百円）
※発災後の場合は，被災地の負担を軽減するため出発地の社会福祉協議会等で加入

> **【参考】被災リスクに備えて　〜災害廃棄物に関連する保険と注意点〜**
>
> **＜保険の種類＞**
> ・災害保険には大きく分けて，火災保険と地震保険の2つがある．
> ・「火災保険」は，火災による被害の補償を主としており，地震による火災は原則補償対象外となる．
> ・「地震保険」は地震による被害を補償するもので，津波や噴火による損害，地震による火災・損壊・埋没・流出等，火災保険ではカバーされていない部分も補償できる．※ただし，火災保険は単独で加入できるが，地震保険のほとんどは火災保険とあわせて契約しなければ加入できない．
>
> **＜被災時の注意点＞**
> ・保険金を請求する際，写真が必要となる．「表札や建物名が同定できるもの」「被害を受けた建物や家財の全体がわかるもの」「損害を受けた個所の状況がわかるもの」を，複数枚，複数の角度から，明瞭に撮る．
> ・撮影が終わったら，請求前でも片付けを始めることができる．

□災害の状況確認
□ボランティア受け入れに関する情報収集（メディアや社会福祉協議会等のウェブサイト）

□ボランティアに出かけるための荷作り
　✓ 汚れても良い長袖・長ズボン，着替え
　✓ 底の丈夫な靴／長靴（底が厚い物）
　✓ 軍手（できれば分厚いゴム製の手袋の方がのぞましい）
　✓ ごみ袋
　✓ タオル

□ボランティアは現地の指示に従って
□安全第一（余震への心構え，装備，分別等）
□チームワークやこまめな連絡を大切に
□写真撮影や会話等は慎重に

奈良県社会福祉協議会（http://www.shakyo.or.jp/hp/article/index.php?m=237&s=1243），
各種保険会社のウェブページ

目　　次

第4部　災害時の支援・受援

第5部　事前の訓練

第 **1** 部

災害廃棄物ことはじめ

1-1 災害の基本

浅利美鈴

> 災害廃棄物問題を考える上でも，災害の基本を理解しておく必要がある．同じ規模の自然災害（例えば地震動）であっても被害に大きな違いが出る要因や，総合的な災害マネジメントのあり方を理解することで，より効果的な備えが可能となる．

災害とは？

世界中で，絶えず様々な災害が発生している．国や地域によって定義も様々であるが，日本の防災基本計画では，次のように整理されている．

- 自然災害：地震災害，風水害■，火山災害，雪害
- 事故災害（産業災害）：海上災害，航空災害，鉄道災害，道路災害，原子力災害，危険物等災害，大規模火災，林野火災

本書では，基本的に自然災害を主対象とする．とくに日本は，自然災害のデパートといわれるほどである．活発化している環太平洋変動帯に位置するためにおこる地震や火山災害，気候変動にも影響を受けていると考えられる風水害等の気象災害の両者ともに，近年頻度を増しているように感じられる．また，都市化■や自然資本（例えば森林等）の劣化により，年々，リスクや被害が増大してきた点も見逃せない．今後，ますますリスクが大きくなる可能性は高く，災害について正しく理解し，社会としても，個人としても，備えることが重要と考えられる．

災害発生のメカニズム

災害現象は図1のようなメカニズムで理解される．つまり，地震や豪雨等の自然の脅威（INPUT）を社会や地域（SYSTEM）が受け，何らかの物理・社会的応答（OUTPUT）が引き起こされる．これがある閾値を超えると被害や災害となる．同じINPUTでも，SYSTEMを構成する地域特性（自然環境や社会環境）によって，OUTPUTは変わる．また，時間的要因も大きな影響を及ぼす．このうち，INPUTや時間的要因は，人間が変えることはできないため，いかにSYSTEMの脆弱性を低くできるかが鍵となる．

■風水害　洪水，強風，豪雨，高潮，台風，竜巻，浸水等が含まれる．

■都市化　都市化や都市の変容による「都市災害」の変容は，防災を考える上でも重要である．①都市化災害（都市人口の急激な増加に対し，社会資本が未整備なためにおこる），②都市型災害（都市化による市街地の拡大は収束したものの，社会基盤施設の安全性が不十分／老朽化のためにおこる），③都市災害（外力と被災形態との因果関係が未然にわからず，人・物的被害が巨大になる）に分類する考え方もある [1].

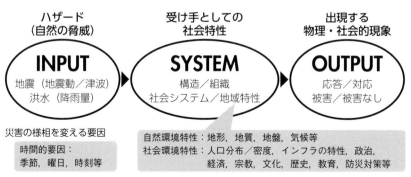

図1　災害発生のメカニズム（[17] を改変）

災害対策基本法

　災害発生メカニズムにおける「SYSTEM」の信頼性を高め，脆弱性を低くすべく，制定されたのが，「災害対策基本法」（1961年成立）であり，日本の災害対策の根幹をなす．その概要は，次のとおりである．なお，3で地方自治体が定めることとされている「地域防災計画」においても，災害廃棄物への対応の記載が求められることとなっている（1-3参照）．

1. 防災に関する責任の明確化：国，都道府県，市町村，指定公共機関等／住民等
2. 防災に関する組織―総合的防災行政の整備・推進
3. 防災計画―計画的防災行政の整備・推進：防災基本計画（中央防災会議），防災業務計画（指定行政・公共機関等），地域防災計画（都道府県・市町村）
4. 災害対策の推進：災害予防，応急対策，復旧の段階ごとに役割や権限を規定
5. 財政金融措置：原則としての実施責任者負担と，例外としての激甚災害時援助
6. 災害緊急事態：災害緊急事態の布告，緊急措置

総合的な災害マネジメント

　防災や減災も含めた総合的な災害対策の考え方を示したのが，図2である．上部にあたる事前対策と，下部にあたる発災後の各対策の考え方は，次の通りである．各対策フェーズにおいて，ハード・ソフト対策を，各主体が連携して進めることが求められる．災害廃棄物も，すべてのフェーズに関係してくる．

事前対策

- 被害抑止：主として構造物の性能向上と危険な地域を避けて住む土地利用政策によって被害を発生させない
- 被害軽減：被害抑止対策だけではまかないきれずに発生する災害に対して，事前の備えで影響の及ぶ範囲を狭くしたり，波及速度を遅くしたりする

発災後

- 被害評価：被害の種類と規模，その広がりをなるべく早く正確に把握する
- （緊急）災害対応：人命救助や二次災害の防止，被災地が最低限持つべき機能の早期回復を目指す
- 復旧：元の状態まで戻す
- 復興：改善型の復旧を目指す

他の項目・全体

- 情報とコミュニケーション：ハード・ソフト対策が存在し，その担い手には「自助」「共助」「公助」に対応する3主体「個人と法人」「NPOやNGOを含むグループやコミュニティ」「国・都道府県・市町村の行政」がある

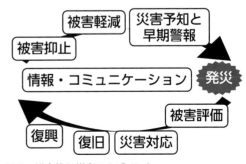

図2　総合的な災害マネジメント

1-2 災害廃棄物とは

浅利美鈴

> 災害廃棄物は，通常の家庭ごみとは量も質も異なる．したがって，分別方法や回収・処理方法も普段とは異なる．行政と住民は，そのことを理解した上で，互いの状況を確認しながら，可能な限り，分別・処理に当たる必要がある．

災害時に出る廃棄物

　災害時には，表1に示す通り，大きく分けて4種類（生活ごみ，避難ごみ，災害廃棄物，し尿）の廃棄物が出る．「生活ごみ」以外は，平時に，このような形では出ないため，住民は，平時とは異なるということを理解し，可能な限り自治体の提示するルールに従うことが求められる．

災害廃棄物とは

　家屋等の破損が大きい場合，住民自らが家屋から排出する「片付けごみ」に加えて，その後，専門業者が扱う「家屋解体ごみ／倒壊家屋」等の処理も行われる．また，自動車や土砂の混ざった混合物等，ありとあらゆるものが含まれる可能性がある．普段は専門業者により慎重に扱われる有害危険物等が，家屋の破損等により，むき出しになったり，「片付けごみ」に混入したりする可能性もあるため，早見表（表2）や有害・危険物の処理フロー（3-20参照）も参考に，対応に当たる必要がある．

災害廃棄物は膨大

　災害廃棄物は，平時の廃棄物の発生と様相が異なることは理解できたと思うが，その量も膨大なものとなる可能性が高い．過去の災害では，平時に自治体が処理している一般廃棄物と比べて，約100年分もの災害廃棄物が発生

表1　災害時に出る廃棄物

	生活ごみ	避難ごみ	災害廃棄物	し尿
中身の例	・生ごみ ・プラ製容器包装 ・缶びんPETボトル ・紙類等		・災害により破損した家具・家財類（畳，瓦等を含む），家電，自動車等 ・土砂・堆積物等	・簡易トイレ等
平時との違い	停電により生ごみが増える等の可能性がある．	平時には出ない． ※平時の生活ごみと比べると支援物資の容器包装や使い捨て製品が多い．	平時には出ない． ※平時には，不要になった時点で，大型ごみやリユース／リサイクルに出すものが多い．	平時には出ない形態のものがある．
求められる対応	原則として通常の分別・排出方法を踏襲する．ただし，家庭のプラ製容器包装や缶びんPETボトル，紙類等，しばらく保管可能なものは，回収頻度を下げる等の可能性もある．	自治体が（事前に）決めた分別ルールに従って，決められた仮置場に排出する．	自治体が（事前に）決めたルールに従って速やかに処理する．

表2　災害廃棄物早見表 [3]

分別等の考え方	対象となる廃棄物
必ず分別して， 梱包・ラベリングするもの	・注射針等の医療系廃棄物 ・刃物等の鋭利な物 ・アスベスト含有建材 ・PCB含有トランス，コンデンサ等
安全面・衛生面等から 分別するもの	・ボンベ，灯油（ストーブ） ・消火器，スプレー缶 ・蛍光管，電池 ・堆積物（ヘドロ）等
リユース・リサイクルや 今後の処理のために 分別するもの	・自動車，原付自転車，船舶，タイヤ ・家電リサイクル法対象製品（洗濯機，冷蔵・冷凍庫，エアコン，テレビ） ・木材，木くず，畳・マットレス，金属くず ・コンクリート，アスファルト，土砂等
廃棄ではなく保管するもの	・位牌，アルバム，PC，携帯電話等，所有者等の個人にとって価値のある可能性の高いもの

したという例（表3）もある．それゆえに，処理には時間がかかる．なお，補助金等の関係から，遅くとも3年以内に処理を完了することとなっている．

スムーズに進めるためには，災害発生前からの準備が重要であり，住民や関係者の理解と協力も欠かせない．

▐▌自分の住む自治体の災害廃棄物処理は？

災害廃棄物は，量も質も通常ごみとは異なる．したがって，分別・処理も異なるが，原則として，各自治体（市町村）が分別・処理方法を検討・決定することになる．その計画の基本事項については第2部にて，また，具体的な分別や処理（技術）の例については第3部にてまとめている．

住民の方を含む関係者は，お住まいの自治体の計画を入手し，疑問や具体性に欠ける点等を行政に確認するなどしてみて頂きたい．災害からの復興には，地域住民や関係者の主体的な関与が欠かせない．災害廃棄物への対応は復興の主要プロセスであることを鑑みると，関係者が互いに目配りをして，より良い計画にしていく努力は，必ずや発災前後の地域づくりに活かされるはずだ．

表3　過去の災害事例における災害廃棄物の発生量と特徴

発生年月	災害の 種類	自治体	量 （千トン）	年間のごみ 量との比較	特徴
2011年3月	地震と津波	岩手県	4,233*	56～79年**	沿岸部の小さな漁村や工業地帯等，多様な都市特性を有する．津波の被害が大きく，発生量も大きい．
		宮城県	11,530*	3.7～95年**	同上．
		仙台市***	1,369*	3.7年	政令指定都市．被害は沿岸部に集中している．一部丘陵地の地震被害も見られた．
		石巻地区***	5,265*	95年	被害面積が大きく，漁業や工業関係も被害を受けた．
2014年8月	大雨， 土砂崩れ	広島市	584	1.6年	市内一部の集落にて，土砂交じり混合廃棄物が多量発生した．
2015年9月	洪水	常総市	52	3年	市の多くの部分が浸水し，一部土石流で家屋も破壊された．
2016年4月	地震	熊本県	3,110	—	中小規模自治体を含む，多くの自治体が被災．一般廃棄物処理施設の被害も大きい．典型的な地震の被害である．

*：津波堆積物を含まない

**：市町村／地区別に計算した

***：宮城県の一部

1-3 災害廃棄物対策指針 〜防災と廃棄物の両面から〜

浅利美鈴

災害廃棄物は，防災と廃棄物の両方の視点からの対策が求められる．法制度的には災害対策基本法と廃棄物処理法によって，自治体における災害廃棄物対策指針の策定が位置付けられている．各地域で実効性ある計画策定および対策が求められている．

■ 防災と廃棄物の両方に位置付けられている災害廃棄物対策指針

　東日本大震災以降，災害廃棄物対策の検討は飛躍的に進んできたといえるだろう．制度面での1つの大きな進展は，災害廃棄物対策指針が，図1に示すとおり，防災対策および廃棄物対策の両面から，正式に位置付けられたことにある．つまり，災害廃棄物対策指針とは，廃棄物処理法基本方針および災害対策基本法（1-1参照）に基づく防災基本計画（第34条）ならびに環境省防災業務計画（第36条）に基づき，策定が求められるところとなったのである．

■ 事前の備えが基本

　図1をもう少し詳しく見ていくと，右1列は発災後であるが，左は発災前である．発災後も，発災前の内容を受けた流れとなっており，事前の準備が基本であることがわかる．なんといっても，もっとも重要なのは，都道府県

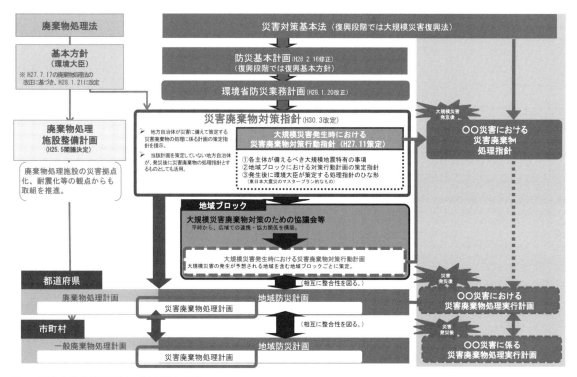

図1　災害廃棄物対策指針の位置付け [9]

や市町村が，事前に災害廃棄物処理計画を策定しなければならない点にあろう．これらは，一般廃棄物処理計画[1]および地域防災計画[2]に内包されるものだが，指針に基づいて，単独の別冊子として作成されるのが一般的である．

廃棄物処理施設整備計画の観点からは，廃棄物処理施設の災害拠点化や，耐震化等も盛り込まれており，減災の観点も含まれている．

なお，災害廃棄物対策指針は，災害規模を問わずに対応方針を提示しているが，そのなかに示されているとおり，巨大災害を念頭に「大規模災害発生時における災害廃棄物対策行動指針」も策定されている（1-5参照）．

災害廃棄物対策指針の概要

災害廃棄物対策指針の構成は，図2に示すとおり，総則と具体的な対策からなり，対策については，フェーズ別に発災前の平時の備えと発災後の応急対応および復旧・復興等に分けられている．これに加えて，指針を補完する技術資料が準備されており，自治体はこれらを参照しながら，計画立案に当たることになる．なお，都道府県のなかには，市町村向けのひな型等を用意しているところもあり，とくに人手や予算の確保が困難な中小規模の自治体にとっては大いに利用価値があろう．

[1]一般廃棄物処理計画 一般廃棄物（ごみ）処理計画とは，廃棄物処理法第6条により，市町村に作成が義務付けられた，当該市町村の区域内の一般廃棄物の処理に関する計画のことである．内容としては，(1) 一般廃棄物発生量および処理量の見込み，(2) 一般廃棄物の排出抑制のための方策，(3) 分別収集するものとした一般廃棄物の種類および分別の区分，(4) 一般廃棄物の適正な処理およびこれを実施する者に関する基本的事項，(5) 一般廃棄物の処理施設の整備，(6) その他，一般廃棄物の処理に関し必要な事項を盛り込むこととなっている．数値目標や対策内容は，自治体により様々であるが，自治体の特性や社会情勢もふまえて，概ね5年ごとに，委員会等を設置し，見直しがなされる．

[2]地域防災計画 地域防災計画とは，災害対策基本法第40条に基づき，各自治体（都道府県や市町村）の長が，それぞれの防災会議に諮り，防災のために処理すべき業務等を具体的に定めた計画である．災害の種類（震災対策編や風水害対策編）ごとに構成されることが多く，それぞれの災害について，災害予防，災害応急対策，災害復旧・復興といった形でフェーズに沿ってまとめられている．総務省消防庁の「地域防災計画データベース」から，全国の自治体の計画を検索・閲覧することができる．

```
第1編 総則
 第1章 背景・目的
 第2章 指針の構成      ・災害廃棄物対策指針や災害廃棄物処理計画等の位置付け及び記載事項
 第3章 基本的事項      ・災害時に発生する廃棄物の特徴，災害の規模別・種類別の対策
                      ・発災後における各主体の役割及び行動 等

第2編 災害廃棄物対策

第1章 平時の備え            第2章 災害応急対応            第3章 災害復旧・復興等
○体制整備                  ○体制整備                  ○体制整備
 ─組織体制，協力・支援体制     ─各主体の行動と処理主体決定     ─組織体制強化
 ─職員への教育訓練 等         ─組織体制・指揮命令系統        ─協力・支援／受援体制
○災害廃棄物処理対策の検討      ─協力・支援／受援体制         ○災害廃棄物処理
 ─災害廃棄物量の試算         ─各種相談窓口の設置 等         ─災害廃棄物発生量の見直し
 ─処理フローの検討          ○災害廃棄物処理方法の決定       ─受入施設の増強
 ─受入可能施設のリスト化 等    ─災害廃棄物発生量や処理可能      ─仮設処理施設の設置
○住民等への啓発・広報 等        量の推計                   ─広域的な処理・処分
                         ─処理スケジュール、処理フロー    ○災害廃棄物処理事業の進捗管理
                         ─仮置場の確保、運営          ○処理事業費の管理
                         ─選別・処理・再資源化方法
                         ─特別対応が必要な廃棄物
                          ・太陽光パネル、蓄電池等
                        ○住民等への啓発・広報 等
```

図2　災害廃棄物対策指針の構成 [5]

1-4 災害廃棄物に関する支援・連携体制

浅利美鈴

災害廃棄物は，処理責任がある市町村に加えて，様々な関係者に役割がある（2-9参照）．災害発生後だけでなく，平時から連携しておくことで，発災後のスムーズな体制構築につながる．大規模災害を見据えると，地域ブロック単位での連携や，ブロック間の連携等も重要となる．

■ 平時からの支援・連携体制

災害廃棄物対策指針[6]には，地方公共団体における発災前からの災害廃棄物対策計画の基本事項が示されている．ここでは，地域間連携を含む支援のあり方について，表1のように主体・フェーズ別に役割が示されている．基本，市区町村が固有事務として主体的に処理に当たるが，都道府県が平時

表1　地方公共団体に対する主な協力・支援内容および体制（[6] をもとに，筆者が抜粋・整理）

支援主体	平時	災害応急対応	復旧・復興
都道府県	・技術的な支援を行う． ・被害状況によっては市区町村から事務の一部を受託するため，平時から計画や連携を図る． ・自らの計画策定・見直しに加え，市区町村の策定・見直しを支援する． ・地域ブロック協議会にて相互協力体制を検討する． ・市区町村の人材育成を支援する．	・被災市区町村からの支援ニーズを把握し，収集運搬・処理体制構築の支援・指導・助言，地域ブロック協議会と連携した広域的な協力体制の確保，周辺市区町村・関係省庁，民間事業者との連絡調整等を行う．その際，被災市区町村の協定等を考慮に入れる．支援地方公共団体等の問合せ窓口となる． ・関係団体とプッシュ型支援❷を行う． ・必要に応じて被災市区町村からの一部事務受託も検討する．	・市区町村が主体となる場合，指導・助言，地域ブロック協議会（内の地方公共団体）と連携し，広域協力や被災情報収集体制の確保，関係者との連絡調整等を行う． ・事務委託の要請があった場合，主体となって処理する．事務委託にあたっては被災都道府県と被災市区町村の事務分担を明確にする．
国（環境省（本省）；一部，地方環境事務所）	・大規模災害時に司令塔機能を果たせるよう事前に備える． ・地域ブロック間の連携を計画する． ・行政，民間事業者および専門家等の協力・連携体制整備として，D.Waste-Net❶を運営する． ・地方環境事務所は地域ブロック協議会を開催し，協力・連携体制を構築し，行動計画を策定する．	・情報収集，連絡・調整等を確実に実施するため，地域ブロック協議会を通して，関係地方公共団体等と連携し，実態を正確・迅速に把握し，プッシュ型支援を行う． ・要請に応じ，D. Waste-Netの現地派遣，(公社) 全国都市清掃会議との広域協力体制の構築，財政支援を行う． ・大規模災害発生時には，速やかに処理指針を策定し，進捗管理を行うとともに，必要に応じて廃棄物処理特例地域を指定し，廃棄物処理特例基準を定める． ・地方環境事務所は地域の要となり，情報収集・連絡調整する．	・地域ブロック協議会を通して広域協力体制の構築を継続するとともに，財政支援を行う．
地方公共団体（支援する立場として）	・発災時に迅速に支援できるよう，支援スキームを把握しておく． ・支援側の観点でも計画しておく．	・被災地方公共団体の支援ニーズや他の支援地方公共団体の支援内容を把握した上で，協力・支援体制を構築する．	・同左 ・広域処理要請に対し，受入可能性を検討する．
自衛隊・警察・消防	発災初動期は迅速な人命救助が最優先されるが，そのために道路上の災害廃棄物を撤去等するため，連携方法を検討しておく必要がある．	発災直後の人命救助やライフライン復旧に向け，情報一元化の観点から，防災部局（災害対策本部）と調整した上で連携する．	災害応急対応に引き続き，連携の上，災害廃棄物の撤去，倒壊家屋等の撤去（必要に応じて解体）を行う．
民間事業者	市区町村は，災害廃棄物の撤去・運搬・処理・処分，損壊家屋の撤去等に関連する民間事業者と支援協定を締結することを検討する．	被災地方公共団体は協定を活用して協力・支援要請を行い，災害廃棄物の収集運搬・処理体制を構築する．	被災地方公共団体は民間事業者等の協力を得て処理・処分を行うため，災害廃棄物処理事業を発注する．
ボランティア	市区町村は，ボランティアによる被災家屋の片づけ等の支援を念頭に，社会福祉協議会等と連携する．	被災市区町村は，ごみ出し方法や分別区分，健康への配慮等に係る情報について，ボランティア等に対して効果的に広報・周知徹底する．	記載なし

注：自衛隊等以降は，主語が地方公共団体となっている．他は，基本的には支援主体が主語となっている．

よりその支援を行うと同時に，被害状況によっては，一部事務を受託し，処理の主体となり得ること，大規模になると国が司令塔となり，オールジャパンで対応することが記されている．平時からの国と地方公共団体との窓口は地方環境事務所が担い，地域ブロック協議会の運営も行う．本指針では主体別の役割が明記されている一方，主体間の関係性が俯瞰しにくくなっているため，図1も参照されたい．

地域ブロック協議会　〜都道府県を超えた連携へ〜

　大規模災害のみならず，昨今，広域的に頻発する水害等においても，都道府県を超えた地域連携が欠かせない．そこで，地方公共団体が相互に連携して取り組むべき課題の解決を図るため，地方環境事務所が中心となって地域ブロック協議会／連絡会を設置している．北海道，東北，関東，中部，近畿，中国，四国，九州の計8か所にあり，各ブロック内の都道府県，主要な市町等や関連団体で構成される．平時からの備えとして，地域ブロック別の災害廃棄物対策行動計画を策定し，関係者間の調整を行ったり，各自治体の処理計画策定や訓練等を支援したりするほか，関連する情報のデータベース化等も行っている．

❶D. Waste-Net　災害廃棄物処理支援ネットワーク．環境大臣が災害廃棄物のエキスパートとして任命した有識者，技術者，業界団体等で構成．地方公共団体における平時の備えと，発災後の災害廃棄物の処理を支援する．

❷プッシュ型支援　被災地からの詳細な支援要請を待たずして，国や都道府県が状況を判断して，人的・物的支援を投入することをさし，応急対応時に迅速に対応するための方針として示されている．

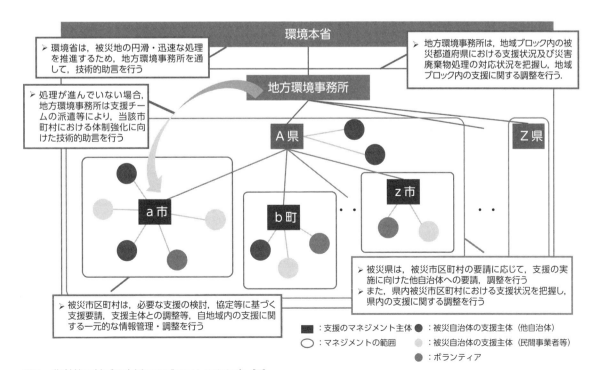

図1　指針等に基づく支援マネジメントのあり方 [7]

1-5 大規模災害発生時における 災害廃棄物対策行動指針

浅利美鈴

南海トラフ巨大地震や，首都直下地震等の大規模災害時には，膨大な量の災害廃棄物の発生が見込まれる．その際には，災害対策全般の方針等とも協調しつつ，災害廃棄物については，オールジャパン体制で取り組む必要がある．今後，支援および受援の両方における体制強化に加えて，限られた人員で効率的・効果的に支援を行うため方策が求められる．

■ 将来の大規模災害

　南海トラフ巨大地震や首都直下地震等の大規模災害では，東日本大震災をはるかに上回る災害廃棄物の発生が予測されている．中央防災会議による「南海トラフ地震防災対策推進基本計画」[13] においても，災害廃棄物等の処理対策が，基本的な施策（事前の備え）としてあげられている．関連する記載内容は，次のようになっている（一部，抜粋・編集）．

- 建築物の耐震化等：災害廃棄物の発生等の被害拡大の要因でもあるため向上が必要である．
- ボランティアとの連携：国および地方公共団体は，社会福祉協議会，NPO等関係機関との間で，被災家屋からの災害廃棄物，がれき，土砂の撤去等にかかる連絡体制を構築し，地方公共団体は，災害廃棄物の分別・排出方法等にかかる広報・周知を進めるものとする．
- 災害廃棄物等の処理対策：地方公共団体は，あらかじめ災害廃棄物等の仮置場としても利用可能な空地をリスト化し，随時，情報を更新すること等により，仮置場の候補となる場所，必要な箇所数を把握しておくとともに，国の協力のもと，リサイクル対策から最終処分に至るまでの災害廃棄物等の処理計画を策定する．国は，とくに処理計画未策定の中小規模の地方公共団体を対象に支援事業を実施し，処理計画策定の促進を図る．目標値としては，災害廃棄物処理計画の策定率を，2010年8％（全国の全市区町村）のところ，2025年度60％（全国の全市区町村）を目指す．

　まだまだ断片的であるものの，徐々に災害対策や防災の分野でも，災害廃棄物との接点や重要性が認知されつつある．これらの接点も大切にしつつ，全体の初動対応や復旧・復興プロセスとも連携して，災害廃棄物対応を進める必要がある．また，規模の大小を問わず，災害時や平時において対応経験を積み，災害廃棄物対策の主流化を図っていくことが重要と考えられる．

■ 大規模災害発生時における対策行動指針

　とくに大規模災害時に備える視点からは，2015年（平成27年）度に「大

規模災害発生時における災害廃棄物対策行動指針」[4] が制定されている．災害廃棄物対策指針（改訂版）[6]（1-3参照）は，この制定後に見直しが行われており，本行動指針を内包するものとなっているが，とくに大規模災害にて強調される点，特有な点としては，次があげられる（一部，抜粋・編集）．

- 被災事業者の主体的な処理を促しつつ，1）被災市区町村，2）非被災市区町村および事務委託を受けた都道府県が主体となる等当該都道府県内での処理，3）地域ブロックでの広域処理，4）複数の地域ブロックにまたがる広域的な処理を，被災状況およびその地域の処理能力に応じて適切に組み合わせる．その上で，円滑かつ迅速な処理を補完する観点から，5）国による代行処理という重層的な対応とする．
- 実務は，民間廃棄物処理事業者の保有する既存施設の活用をはじめ，民間事業者の役割が大きいため，様々な分野の民間事業者の能力が最大限に発揮されるようにする．
- これら重層的な対応を行うためには，政府，地域ブロック，都道府県および市区町村という各層内および各層間において，主体となるべき行政機関がほかの関係行政機関や事業者，専門家等と平時から連携・協力関係を構築し，発災後には非被災地域も含めた「オールジャパン」での対応によって処理に当たる．
- そのため，国のリーダーシップのもと，平時から広域での連携・協力体制を構築する．国が中心となり，平時から地域ブロック単位で，行政のみならず民間事業者を含む関係者の連携・協力体制，さらには地域ブロック間での連携体制を構築し，各ブロックにおける実効性の高い災害廃棄物対策のための行動計画の策定を推進し，地域ブロック内の関係者が協力して発災後の広域的な処理に備える．
- また，大規模災害時に，平時とはまったく異なる仕組みで災害廃棄物処理を行う場合，災害時の緊急的な仕組みと平時の仕組みが併存することによる混乱や機能不整合が懸念される．さらに，通常規模の災害時から大規模災害時まで，対応すべき主体や体制は異なるが，必要な対応は切れ目なく行われるべきとの観点からも，実効性が高い平時の仕組みを基礎としつつ，通常規模の災害時における災害廃棄物処理にかかる知見・教訓をふまえた対応としていくことが重要である．

このように，平時から大規模災害時に至る幅広い関係者の役割分担が示され，体制整備が進められている．いずれにしても，従来の体制の延長線では対処できないことは明らかであり[11]，今後，支援および受援の両方における体制強化に加えて，限られた人員で効率的・効果的に支援を行うための方策が求められる．

1-6 災害廃棄物に関する手引きや情報源

浅利美鈴

> 災害廃棄物の報道も増え，災害廃棄物処理計画の策定も進み，災害廃棄物という単語も徐々に浸透してきた．しかし，まだ中身についての理解は広がっていない．他方，対策は日進月歩で進められており，キャッチアップするのも大変である．そこで，主要な情報源を押さえ，より効率的に情報を入手していただきたい．

■ 手引き，編集可能なお役立ち素材（主に自治体担当者の方へ）

　災害廃棄物対策を担当する自治体担当者にとって参考になるのは，図1で●を付けたものだろう．

　環境省から出ているものとしては，災害廃棄物対策指針および技術資料・参考資料（1-3参照）がベースとなる．それらに加えて，少しでも発災時の初動対応を円滑かつ迅速に実施するために，平時に検討して災害時に参照することを目的として，「災害時の一般廃棄物処理に関する初動対応の手引き」[10]が策定され，第1版が2020年2月に公開された．これは，写真や図表，様式集が充実しており，そのまま使えるものもある．例えば「住民・ボランティアへの周知例（チラシ）」はパワーポイントデータが環境省の本手引きのウェブサイトからダウンロードでき，各自治体の実態にあわせて編集すれば，すぐに活用できる．ゼロから作成するより数時間は短縮できるだろう．

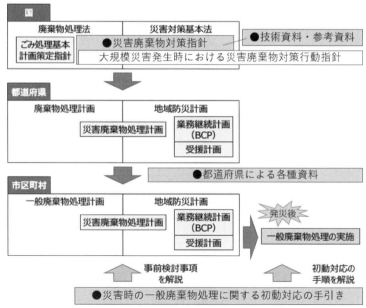

図1　災害廃棄物対策に関する指針や資料（[10] 内の図（本手引きの位置づけ）に，筆者が加筆）

　市区町村の担当者におかれては，都道府県が出している計画や手引き，ひな形等を確認頂きたい．基本的には，環境省の指針等を参考にしているが，一定程度，地域性を考慮したものとなっていることが多い．

▓ お役立ちウェブサイト

　災害廃棄物に関して，基本的な理解を進めたり，計画立案や発災時の情報収集に役立てたりできる情報源も多数存在する．いくつか具体例を提示する．

- 環境省「災害廃棄物対策情報サイト」：先述の指針類や政策が取りまとめられているほか，過去の災害対応のアーカイブスや，現在進行形の災害廃棄物への対応状況等も発信されている．
- 国立環境研究所「災害廃棄物情報プラットフォーム」：過去の災害で災害廃棄物の処理にあたった実務者の経験および知見を共有するとともに，過去の災害の記録や，災害廃棄物処理計画の策定に役立つ各種情報についても掲載している．また，将来の災害に備えた事前の計画づくり等に精力的に取り組んでいる様々な関係主体の活動も紹介している．関連情報の一元化を目指しており，充実した情報が，体系的に整理されている．
- 廃棄物・3R研究財団「災害廃棄物対策」：初動期の生活ごみおよび片付けごみの出し方等に関する市民への広報に使える素材を提供している．ごみの出し方や仮置場についての編集可能なチラシデータや，自由に使える廃棄物イラスト等，かゆいところに手が届くデータ源となっている．

▓ 関連する情報源

- 災害廃棄物に関連して，ほかにも次のような情報を得ることができる．目的に応じて情報収集を試みて頂きたい．求める情報に行きつかない場合は，本書を編集した廃棄物資源循環学会・災害廃棄物研究部会（jimu@jsmcwm.or.jp）や，国立環境研究所のウェブサイトのお問い合わせフォームより，ご連絡いただきたい．
- 各自治体の災害廃棄物関連の計画について：各自治体名と「災害廃棄物」等で検索すると出てくる．出てこない場合は，各自治体に問い合わせていただきたい．
- 災害ボランティア時に，災害廃棄物を扱う際の留意点について（4-10参照）：社会福祉協議会等が発出しているマニュアル等に記載があることもある．環境省の指針の技術資料1-21「被災地でのボランティア参加と受け入れ」[2] にもまとまっている．
- 災害時のトイレ対策について（3-25〜27参照）：国土交通省「災害時のトイレ，どうする？」[12] や，内閣府「避難所におけるトイレの確保・管理ガイドライン」，日本トイレ研究所「災害用トイレガイド」[14] 等，わかりやすいものが散見される．

もしも被災してしまったら，
災害支援の現場から

小林深吾

災害に見舞われると突然，大切なものを失う．そんな状況の中で，自宅の再建に取り組まなければならない．復旧・復興への歩むスピードを左右する「災害廃棄物」の扱いは，地域での事前準備が大切である．

災害は，ある日突然やってくる

ある日，大雨が降り続き，瞬く間に河川の水位が上昇し，決壊．被災地では，必ず「まさか……」という声を耳にする．「まさか，あんなに大きな堤防が決壊するなんて」「まさか，ここまで浸水するなんて」「まさか，こんな高さまで水がくるなんて」．ハザードマップに目を通したことがある人でも，自分自身が被災することを平時から想像することはとても難しいものだ．そして，被災した人達の生活は，想像以上に身体的・心理的・経済的な負担が重くのしかかる．その1つが，自宅の再建である．水没した自宅を取り壊すのか，リフォーム等をして再建するのか，大きな決断を迫られる．

混沌とした状況のなかで自宅を片付けなければならない．作業をはじめると，結婚祝いでもらったタンスや家族で長年愛用してきたテーブルと椅子，こどもたちの姿が写ったアルバム等，様々なおもいでの品が，無残な形で出てくる（図1）．残しておきたいもの，もう使えそうにないものを仕分けしていく作業には，胸を締め付けられる．被災すると，愛着を持っていたものが，突然壊され，汚されてしまう．大切なものであったとしても，自分の意思とは別に，気持ちの整理がつかないまま捨てざるを得ない状況になる．

自宅を再建するために

被災した自宅を再建する際，基本的には持ち主が自分自身や家族または業者に依頼して，家を片付ける必要がある．地域が水没するような水害が発生した場合，家族だけでは濡れてしまった「家財」の運び出しは難しく，業者に頼もうにも長期にわたり順番待ちであったり，高額になってしまったりする．高齢者や独居等，元々脆弱性の高い世帯は，さらに厳しい状況におかれる．そこで，人手が必要となる作業には，地域の社会福祉協議会が運営する「災害ボランティアセンター」に，ボランティアの手伝いを依頼することができる．これらの支援は無償で行われるため，被災者にとって経済的に大きな負担軽減になる．身体的にも，家族のみで何日も重労働をせずにすむ．

床上以上の浸水被害を受けた家屋の清掃活動は，大まかにわけると3段階の工程がある．はじめに，濡れてしまった家財を屋外に運びだし，残すものと破棄するものを選別していく．家財は，敷地や家の前の道路に出されていく．家財を運び出さないことには，家の中に入り清掃することも難しいため，被害が収まったすぐ後か

ら，作業がはじまる．つぎに，家の中に流入してきた土砂やヘドロの撤去を行う．家の中に重機を入れることは難しいため，人力の作業となり重労働である．土砂等をスコップで土嚢袋や一輪車に入れ，回収場所に搬出していく．その後，ようやく畳を運び出すことができる．畳は水を吸ってしまうと，80 kgから100 kgもの重さになり，運び出すのも一苦労である．最後に，日常生活ではあまり目にしない床下や壁の中を清掃する必要がある．床下には土砂やヘドロが堆積し，壁の内側では断熱材が水分をたっぷり吸っている状態になっている．これらを放置すると，悪臭を放ち，カビ等が大量に発生し，家がますます傷んでいく．健康にも悪影響である．床板や壁材を剥がし，泥と断熱材の撤去を行っていく．その後，雑巾や高圧洗浄機等で丁寧に汚れを落とし，消毒する．風通しをよくして，十分に乾燥させていく．そして，ようやくリフォームをすることができる．

▶▶ 役所と相談しながら地域で事前準備を

　災害が発生した当初は，廃棄物の置き場所や分別方法等が周知されていないことが多く，敷地や道路，公園等に分別されていない廃棄物が山積みになっている光景をよく目にする（図2）．分別されない廃棄物が大量に放置されると，その後の処理に時間的，人的，費用的に多大なコストがかかる．全体として，かえって復旧・復興の歩みを遅らせてしまう場合もある．早く家をきれいにしたいという気持ちもあるが，町内のどこの場所を仮置場とするのか，分別はどのように行うのか，役所に問い合わせる必要がある．ときには，役所の対応が遅いと感じてしまう場面もあるかもしれない．ただ，多くの被災地では，役所の職員も自身や家族が被災しながらも奮闘している姿を目にしてきた．

　どうしても災害が発生してからの対応だとうまくいかないことも多くある．平時から事前に防災訓練等の機会を利用して，災害時の仮置場や災害廃棄物の分別方法を，役所と相談しながら町内会で考えておくとよいだろう．

図1　おもいでの品
（2019年9月撮影，ピースボート災害支援センター提供）

図2　公園に積まれた混合廃棄物
（2019年11月撮影，ピースボート災害支援センター提供）

海外における災害廃棄物対策
ガイドライン策定の意義

築地　淳

　途上国では「災害廃棄物対策」は，Disaster Debris Removal（がれき撤去）として，発災後に発生する災害廃棄物が復旧・復興の妨げとならないよう早急に「除去する」ものとして位置付けられてきた．近年では，「防災（disaster risk reduction）」や「廃棄物管理（waste management）」に加え，「気候変動適応策（climate change adaptation）」の文脈を含む「災害廃棄物対策（disaster waste management）」として，その対策が進められるようになってきた．

》》》「がれき撤去」から「災害廃棄物対策へ」

　多くの途上国では，災害廃棄物を事前準備や備えに注目した「防災」ではなく，災害発生時に対応するべき緊急活動の１つとして位置付けられてきた．途上国では，国家防災計画，災害対策指針や計画等が準備されているものの，災害廃棄物に特化した仕組みや指針，計画等を策定している国はほとんどないのが現状である．このため多くの場合，発災後に，だれが，いつ，どこに仮置きし，どのように処理するのか，災害廃棄物の推計や有害性の検討等，迅速，効率的・効果的に対応することができず，公衆衛生や環境への影響のほかに，災害廃棄物の中に含まれる多くの再利用・リサイクル可能な資源がすべて処分場に投棄されてしまうことや，処理・処分の非効率性から費用や時間を浪費する等の経済的な影響にも及んでいる．大きな地震や水害により排出される災害廃棄物の発生量は，平時に排出される廃棄物をはるかに上回り，その対応には年単位の時間と莫大な費用を費やすことになる．関係者が，事前の備えや機能的な活動や対策のための計画策定が対策にかかる時間と費用の消費を軽減し，すみやかな復旧・復興に貢献するほか，公衆衛生や環境への影響を低減し，経済的な便益にもつながることを認識することはきわめて重要である．とくに途上国では通常行われている廃棄物管理システムが脆弱であり，災害廃棄物対策を通じた従来の廃棄物管理体制の改善や強化についての議論が始まったところである．この議論に大きな役割を果たしたのが，2011年にUNEP/OCHA/MSB1が出版した「Disaster Waste Management Guidelines2」[18]であり，また，2018年に環境省の支援を受けて廃棄物資源循環学会が作成した「アジア太平洋災害廃棄物対策ガイドライン3」[15]である．廃棄物資源循環学会では，ガイドラインの現場における実際的な利用を推進するために，アジア，大洋州地域の国，地方の実務者を対象とした会合やワークショップ等を開催している．

》》》２つの「災害廃棄物」ガイドラインが果たした役割

　国際連合は，人道原則に基づき一貫した支援を確実に提供するためのメカニズムを確立しており，その中でも多くの関係者が機能的・有機的に活動するためのクラスターアプローチ（図１）を推進している．国レベルでは本アプローチをもとに，

その国の組織体系に応じたクラスターを組織し，災害対策活動を包括的に進めることになっている．ここで注目したいのが，「災害廃棄物」がどのクラスターに含まれるかである．キャンプ地や避難所から排出される生活ごみは「キャンプ調整及び運営」，災害ごみによる公衆衛生上の問題は「健康」，人道支援を妨げる災害ごみの撤去は「早期復旧」，災害ごみやその処理による排水・汚水は「水と衛生」等，災害廃棄物に関する活動は，クラスター横断的な対応が必要になることがわかる．また，発災後に緊急人道支援と並び初期に実施されるのが「災害後復興ニーズ評価調査（PDNA）」(Post Disaster Needs Assesments) であり，各クラスターを中心に被害状況と復旧・復興に関連するデータを収集し，早期の復興に必要な活動についてコストも含めた分析を行い，報告書として取りまとめている．過去に発災後，多くの国でこのPDNAが報告されているが，「災害廃棄物」を明確に包含したPDNAはほとんど存在しない．このことは冒頭に紹介した通り，「災害廃棄物」に関して適切なアセスメントが実施されず，復旧や復興に対して，公衆衛生，環境，経済的な負のインパクトを与えることになる．前述した2つの災害廃棄物対策ガイドラインは，災害対策における「Missing Point」となっていた「災害廃棄物」というテーマを明確にし，これをグローバルに啓発した点において，きわめて大きな役割を果たしたといえる．さらにこれらガイドラインは，持続可能な開発目標（SDGs），気候変動に関するパリ協定，仙台防災枠組2015~2030等の国際的な約束ごとに準じた対応であると同時に，その実践的な活動内容，対策を示した点においても今後，世界各国への浸透を目指したさらなる活動に期待したい．

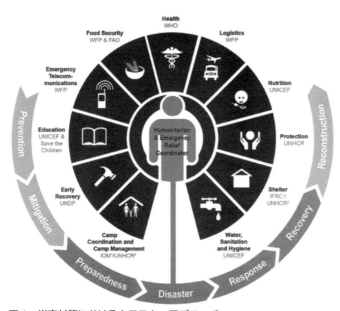

図1　災害対策におけるクラスターアプローチ
(https://www.humanitarianresponse.info/en/about-clusters/
what-is-the-cluster-approach)

廃棄物資源循環学会による
国際支援・連携事業

築地　淳

　廃棄物資源循環学会（以下，「学会」という）は，環境省の支援を受け，日本の知見・経験をふまえた「アジア太平洋災害廃棄物対策ガイドライン」を策定した．学会では，本ガイドラインの策定とともに，国連機関，援助機関，大学機関，NGO等と協力・連携し，アジア，太平洋地域における災害廃棄物に関する活動を支援している．

》》東日本大震災における災害廃棄物対策の活動支援とその知見・経験の蓄積

　学会では，2011年の東日本大震災時に，災害廃棄物に関する地域支援を行い，さらに現地調査および研究等を通じて学術的・体系的な知見・経験を記録として残すことを目的とした「災害廃棄物対策・復興タスクチーム」を組織した．これにより，①災害廃棄物に関連する情報プラットフォームの形成，②災害廃棄物対策ネットワークの形成と現地支援，③災害廃棄物に関する学術的記録と指針づくり等が行われ，結果として，2012年5月には，「災害廃棄物分別・処理実務マニュアル」[16]が取りまとめられた．このマニュアルは，東日本大震災時に行われた活動の知見・経験に基づき，環境省の「災害廃棄物対策指針」やコラム2に記載した「Disaster Waste Management Guidelines」[18]等を参考にしつつ，より実践的で，現場で活用しやすい冊子として策定された．コラム2でも記述した通り，発災後は，「がれき撤去」を急ぐことに関心が向きがちであるが，本マニュアルでは，環境負荷，公衆衛生リスク，経済的インパクト等を包括的に考慮した復旧，復興，さらに仙台防災枠組にも記載されている「Build Back Better（より良い復興）」を達成するための「災害廃棄物対策」を目指している．また，本マニュアルは，自治体が策定する災害廃棄物処理計画に活用されているほか，世界の災害廃棄物対策に資する「アジア太平洋災害廃棄物対策ガイドライン」策定の礎となっている．

》》災害廃棄物対策に関する日本の知見・経験をアジア・大洋州へ

　東日本大震災を含めた日本における多くの災害時に実施された「災害廃棄物対策」の活動やそのための制度・政策は，知見・経験という形で貴重な財産として蓄積されている．アジア，太平洋地域では，日本と同じように地震，台風，洪水といった自然災害が多い地域であり，気候変動の影響と思われる水害被害も増えつつある．災害廃棄物対策を進めるにあたり，日頃行われている「廃棄物管理体制の強化」がきわめて重要であることからも，学会では，災害廃棄物対策および廃棄物管理に関する日本の「制度・政策」や，「技術・ノウハウ」を途上国へ技術移転することは，国際貢献に資する活動であるとして推進することを決定した．その後，学会により災害廃棄物に関する様々な国際的な活動を経て（表1），2018年，環境省による支援のもと「アジア・太平洋災害廃棄物対策ガイドライン」[15]が策定され

た. 2011年には, すでにUNEP/OCHA/MSB等による「Disaster Waste Management Guidelines」[18] が策定されていたが, このガイドラインには, ①アジアや大洋州地域が抱える特有の課題や, ②通常の廃棄物管理体制の脆弱性を考慮する等の視点が欠けていた. 先述の通り, 学会では, 東日本大震災の現場を直接経験し, 情報等を記録していること, 廃棄物管理や資源循環に関する政策的, 科学的な知識・知見を有していること, さらに, 環境省が主催するアジア太平洋3R推進フォーラムやThe 3R International Scientific Conference on Material (3RINCS) 等の国際的, 学術的な会合を協力, 主催していることから, 学会だからこそできる「災害廃棄物対策に関する国際協力」の実施に踏み切ったのである. 表1は, 2016年から現在 (2019年) に至るまでの学会による国際的な災害廃棄

表1　廃棄物資源循環学会による国際的な災害廃棄物に関する主な活動

年月	活動内容
2016年10月	SWAPI主催の第16回 アジア太平洋廃棄物専門家会議において, 特別セッション (アジア太平洋地域の災害廃棄物処理) を開催 (東京)
2016年12月	国連主催のPacific Resilience Weekへ参加 (スバ/フィジー)
2017年1月	大阪市および国連主催の「災害廃棄物管理に関する国際シンポジウム」において, 「アジア太平洋災害廃棄物対策ガイドライン」の骨子 (概要) について紹介
2017年3月	第3回世界防災研究所サミットにて災害廃棄物に関する展示 (京都)
2017年3月	「アジア太平洋災害廃棄物対策ガイドライン骨子」を策定
2017年9月	国連主催のEnvironment and Emergencies Forum (EEF)において, 災害廃棄物対策ワークショップを開催 (ナイロビ/ケニア)
2017年12月	国連主催の「Brainstorming meeting on Disaster Waste Management Pilot Project in Conjunction with International Expert Forum on Mainstreaming Resilience and Disaster Risk Reduction in Education」に参加し, 「アジア太平洋災害廃棄物対策ガイドライン骨子」を紹介 (バンコク/タイ)
2017年12月	環境省主催の「第11回日中韓三カ国3R／循環経済セミナー」において「アジア太平洋災害廃棄物対策ガイドライン骨子」を紹介 (東京)
2018年1月	廃棄物資源循環学会主催の「災害廃棄物対策ワークショップ」を開催 (東京)
2018年1月	SWAPI主催の第17回 アジア太平洋廃棄物専門家会議において, 特別セッション (Moving on to the next stage for Disaster Waste Management in Asia and the Pacific) を開催 (東京)
2018年2月	国連主催の「Disaster Waste Management: A Holistic Approach for Nepal」に「アジア太平洋災害廃棄物対策ガイドライン (ドラフト版)」を提供
2018年3月	「アジア太平洋災害廃棄物対策ガイドライン (全体版)」を策定
2018年7月	Asian Ministerial Conference on Disaster Risk Reductionにおいて国連とともに災害廃棄物対策に関するサイドイベントを開催 (ウランバートル/モンゴル)
2018年8月	SPREPが主催する「Clean Pacific Roundtable」において災害廃棄物対策に関するセッションを開催 (スバ/フィジー)
2018年10月	JICA/SPREPが主催する「Regional Disaster Waste Management Guideline策定のためのワークショップ」に参加 (アピア/サモア)
2019年1月	SWAPI主催の第18回 アジア太平洋廃棄物専門家会議において, 企画セッション (Moving on to the next stage for Disaster Waste Management in Asia and the Pacific) を開催 (東京)
2019年2月	JICA/SPREPが主催する「Regional Disaster Waste Management Guideline策定のためのワークショップ」に参加 (コロール/パラオ)
2019年2月	廃棄物資源循環学会主催の「第5回3RINCS」において災害廃棄物関する「特別セッション」を開催 (バンコク/タイ)
2019年3月	環境省主催の「Workshop for Development of the DWM Plan in Solomon Islands」に参加 (ホニアラ/ソロモン)
2019年3月	環境省主催の「Workshop for Development of the DWM Plan in Indonesia」に参加 (ジャカルタ/インドネシア)

物対策に関連する活動を示している．学会が推進する国際貢献としての災害廃棄物対策の大きな2つの実際的な便益は，「日本の知見・経験の共有」および「廃棄物管理体制から考える災害廃棄物対策」を可能にしたことにある．特に後者においては，災害廃棄物対策は，通常の廃棄物管理体制を強化することを通じて推進され得るものであるという理解と，その逆の災害廃棄物対策をふまえた廃棄物管理体制の充実は，SDGやパリ協定，仙台防災枠組が求めている「地域の強靭性（community resilience）」のための「防災（disaster risk reduction）」と「気候変動適応策（climate change adaptation）」の結合を促進する包括的な戦略にもなり得るという理解を醸成することにもつながっている．

第2部
計画立案に関するコンセプトや基本事項

2-1 災害廃棄物処理という仕事

多島　良

> 災害廃棄物を迅速かつ円滑に処理するためには，収集・処理・処分というごみを扱う業務以外にも，量の推計，計画づくり，広報，仮置場の運営管理，予算の獲得・執行，支援者との連携などのマネジメントの業務も行う．

■ 処理現場とオフィス

　災害廃棄物処理は，地域で発生した災害廃棄物を集め，処理処分する仕事である．その仕事場には，2種類ある．1つは，災害廃棄物そのものを相手にする被災地，仮置場，処理処分施設等の処理現場である（図1）．被災地から様々な車両（パッカー車や平ボディートラック等）を活用して仮置場まで災害廃棄物を運搬し，仮置場で適切に選別したあとに，処理処分先に搬出する作業である．もう1つは，廃棄物担当部局のオフィスである．ここでは，だれがどのように災害廃棄物処理を行うかの方針や計画を検討し，その実行に各種資源（人員，予算，車両，重機，資機材，情報ほか）がどれだけ必要かを整理する．各種資源を実際に確保するにあたっては，応援の要請，民間への発注，契約，それに伴う清算や支払いといった業務が発生する．こうした資源の確保，庶務・財務，計画策定やその根拠となる情報の整理・分析，そして市民への広報や全体指揮といったマネジメントが適切に行われなければ，被災地や仮置場からごみは動かない．

■ 仕事の流れ

　災害廃棄物処理の仕事の大まかな流れを図2に示した．上段に示されているのが，現場でのごみの流れである．集め終わってから処理処分するという逐次的な流れではなく，集めつつ，集めたものを順次選別し，できるものから処理処分を進めていく点がポイントである．仮置場までは，被災者自身が持ち込む場合と，自治体が集める場合の両方がある．持ち込まれたごみが混合状態にあり，簡単には選別できない場合などには，高度な選別を行うための二次仮置場をつくる．また，扱うごみの内容も，時間の経過に伴って変

図1　処理現場の例（国立環境研究所提供）

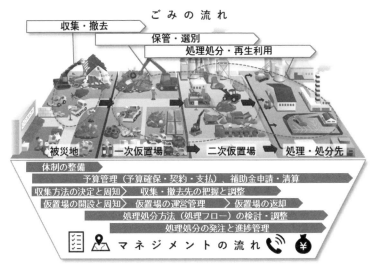

ごみの流れ

収集・撤去

保管・選別

処理処分・再生利用

被災地 　一次仮置場　　二次仮置場　　処理・処分先

体制の整備
予算管理（予算確保・契約・支払）、補助金申請・清算
収集方法の決定と周知 収集・撤去先の把握と調整
仮置場の開設と周知 仮置場の運営管理 仮置場の返却
処理処分方法（処理フロー）の検討・調整
処理処分の発注と進捗管理

マネジメントの流れ

図2　災害廃棄物処理業務の流れ

わってくる．災害が起きた直後からしばらくの間は，片付けに伴うごみ（以下，片付けごみ）を集めることが主な仕事であるが，罹災証明が発行され，被災者が家の解体・リフォームをはじめると，解体に伴うごみ（以下，解体ごみ）も扱うことになる[1]．

　下段に示されているのがマネジメントの流れである．発災後，職員の安否確認が済んだあとは，何人でだれが災害廃棄物処理を担当するかの体制づくりを行う．この際，道路上に散らかったものは道路管理者である道路部局が集めるのか，といった細かい点での他部局との役割分担も重要である．また，被災者がすぐさま片付けごみを出せるよう，ごみの出し方・集め方を決め（2-5参照），その内容を被災者に周知する（2-7参照）．それと並行して，災害廃棄物を一時的に保管する仮置場（2-6参照）を選定し，看板・職員・重機等を配置したうえで開設する．これらの仕事が進められることで，災害廃棄物の収集・撤去を開始することができる．その後は，収集すべき場所や仮置場の状況について把握・管理しつつ，仮置場で保管されている災害廃棄物の処理処分方法を検討し（2-3参照），処理施設・業者に対して処理を発注していくことになる．これらの業務が行ったりきたり，繰り返されたりしながら，現場でごみが流れていく．並行して，これらの仕事を行うための予算の確保（2-8参照）と執行を行う．補助金の精算事務等，ごみそのものの処理が完了したあともつづく仕事もある．

　これだけ多様かつ多量の仕事を伴う災害廃棄物処理事業は，過去の災害では3年以内に行われてきた（東日本大震災で3年，平成28年熊本地震で2年）．処理期間は，期間内に処理しきることが可能かという発生量と処理能力のバランスの観点と，市民生活の回復や人口流出の防止という復興の観点から検討されたうえで，災害ごとに決定される．災害廃棄物処理という仕事は，数か月～数年間にわたり多くの資源を投入して生活環境の回復と早期復興を実現する，一大プロジェクトなのである．

[1]　災害の規模が小さい場合は，自治体として処理する解体ごみがほとんどないこともある．

2-2 処理計画の意義と内容

多島　良

災害廃棄物処理に向けた事前準備の根幹をなす災害廃棄物処理計画には，災害時の対応方法の基本と，平時に行う事前準備の内容が整理される．策定を通して，組織・個人として，災害廃棄物への対応力が向上する．

■災害廃棄物処理計画とは

　災害廃棄物処理は，平時の一般廃棄物処理とは大きく異なる仕事である．このため，災害が起きる前の準備が重要であり，その根幹をなすのが災害廃棄物処理計画（以下，処理計画）である．処理計画には，災害廃棄物処理に関する役割分担，基本方針，具体化の方法や留意点とともに，平時から進める事前準備の内容や方法を定める．市町村と都道府県はそれぞれの立場で処理計画を策定し，災害に備えることが求められている[1]．

　どのような災害が，どの規模で起きるかをあらかじめ知ることはできない．このため，処理の方法を詳細に計画しても，そのとおりの処理が実際に行われることはない．では，処理計画には何を定めておくべきであろうか．

　まず，発災後の対応を円滑に進めるための基本的事項を整理しておくことが求められる．第1に，災害廃棄物処理に関する役割分担，組織体制は定める必要がある．とくに発災直後の初動期には，ライフラインが途絶し，被害の全体像が把握できず，職員も十分に参集できない等，状況は大きく混乱する．実施すべき事項や役割分担があらかじめ定められていれば，このなかでも迅速に業務に取り掛かることができる．第2に，仮置場の設置，広報の発出，応援の要請等，災害廃棄物処理を進めるために行う主要な業務について，やるべきこと（実施事項）とその方法を整理しておくことが重要である．例えば，「○○広場を仮置場とする」と想定していても，実際に災害が起きた際にはその場所が被災して使用できないこともあるが，「○○広場を含む上記リストから，以下の手順で仮置場を選定する」と定めておけば，災害の規模や種類によらず対応できる．第3に，発災後に必要となる地域固有の情報で，平時から整理できるものをあらかじめ整理しておくことも重要である．整理すべき重要な情報として，仮置場候補地のリスト，地域内の廃棄物処理施設・収集運搬業者の能力，各種災害協定の内容等がある．

　ほかにも，発災前の備えについても，実施事項と実施スケジュールを定め，確実に地域の弱点をなくしていくことが重要である．例えば，施設の耐震化等のハード面の対策に加え，協定の充実化や訓練の実施，計画の見直し，異動時の引継ぎ方法等のソフト面の対策がある．処理計画が策定されてから実際に災害が発生するまでの期間が長期にわたる可能性もあることから，せっかく策定した処理計画が形骸化しないよう，見直しの方法を具体的

[1]　都道府県は廃棄物処理法に基づき策定することが義務付けられている．市町村は，廃棄物処理法に基づき国が定める「廃棄物処理基本方針」において策定することが求められている．

に定めておくことはとくに重要である.

■ 処理計画とは文書であり, プロセスでもある

処理計画は, 文書として持っていれば, それを参考に平時・災害時の対策を進められるという意義はある. しかし, 本当に重要なのは, 策定のプロセスを通して担当者や組織としての対応力を向上させることである (図1).

災害廃棄物処理を適切に実施するには, 担当する職員に相応の知識, スキル, 心構えが備わっていることが望まれる. 処理計画を策定する際に参照する「災害廃棄物対策指針」とその技術資料には, 災害廃棄物処理の基本と, 近年の災害事例から得られた最新の知見も整理されている. こうした資料から, 地域の被災状況をイメージして処理計画を策定すること自体が, 1つのOJT (on the job training) の機会となる. 例えば, 発生量推計についても, 自治体職員が手を動かして計算することで, 推計式の前提条件や, 数値の信頼性について認識できる. このことで, 実際に災害が起きた後にも発生量の推計を行い, その結果を適切に解釈して対応できるようになる.

処理計画の策定は, 多様な部局との調整が必要となるため, 組織としての対応力も向上させる機会にもなる. 例えば, 仮置場の候補地として仮設住宅の建設候補地をリストに加えることも考えられるが, この際には仮設住宅の設置時期等について防災担当部局等と事前に確認することが求められる. ここでは, 当該候補地の用途についての両部局間での合意形成を目指すよりも, 両用途を共存させる可能性や, そのために配慮すべきこと (利用期限や生活環境配慮) を整理し, 発災後に当該候補地の利用を検討する手順 (だれとだれが協議して決定するのか) を確認しておくことが重要である. こうした調整を通して, 関係部局と顔の見える関係を構築することが, 発災後の円滑な災害廃棄物処理に寄与する. 同様の観点から, 都道府県が市町村に対して計画策定を支援することを通して, 両者の間での相互理解や関係醸成を図り, 発災後の円滑な連携を担保することも重要である.

■ 処理計画と住民

処理計画は, 災害廃棄物の処理責任をもつ自治体が自分たちの行動について事前に整理しておくものである. その意味では, 必ずしも住民にとって関係の深い計画ではない. しかし, 災害廃棄物の出し方を知っておくことは重要である. どこに, いつ, 災害廃棄物を出し, どう分別を行うか. 分別されたものはどのような処理が想定されているのか. 地域の処理計画を確認し, 理解を深め, 発災時の円滑な処理に協力できるようにしておきたい.

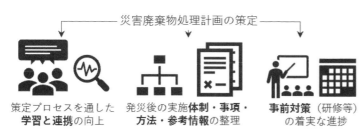

図1　災害廃棄物処理計画を策定する意義

2-3 処理フローと実行計画

多島　良

> 多種多様な災害廃棄物を処理処分していく流れを整理したものが処理フローである．発災後
> は，処理の現状と見通しを示す災害廃棄物処理実行計画を策定し，処理フローに基づき戦略的
> に処理を進める．

■ ごみの流れを整理するのが処理フロー

　処理フローとは，災害廃棄物の処理処分の流れを整理したものである．災害廃棄物は，あらゆる品目を一緒くたに集め，まとめて焼却したり埋め立てたりするわけではなく，品目（木くず，コンクリートがら，ほか）ごとに処理処分先を見つけていくことになる．品目によっては，普段から一般廃棄物を焼却しているクリーンセンター等で処理できず，地域外の業者に処理を委託することもある．また，目標期間内に処理を完了するために，ほかの市町村にあるクリーンセンターで処理する広域処理を実施することもある．災害廃棄物の中身も，処理処分先も多岐にわたるため，処理フローを作成して被災現場から最終処分・再生利用までの一連の流れを俯瞰的に整理し，確実に災害廃棄物が処理されることを確認することが重要になる．

　処理フローは，大きく分けると，廃棄物の流れの概要を「場所」に着目して整理するものと，品目ごとの流れを整理する「モノ」の流れに着目したものに大別される（図1）．前者は，被災現場や各仮置場から災害廃棄物をど

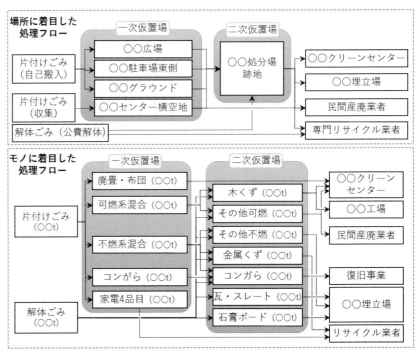

図1　2つのタイプの処理フロー

のように分別搬入（搬出）していくかを理解しやすいため，収集運搬の流れをイメージしやすい．後者はいわばマテリアルフローであり，発生した災害廃棄物のうちどの程度がリサイクルされ，どの程度が埋め立てられるのかという廃棄物処理の流れをイメージしやすい．実際に作成される処理フローは，両者の中間的なものが多い．

　処理フローの作成は，処理の入口と出口を結ぶ作業である．「入口」は災害廃棄物の発生であり，品目ごとの発生量を推計して何をどれだけ処理する必要があるのかを整理する（2-4参照）．他方，「出口」は再生利用先や最終処分場である．この間を結び付けるために，どのような処理（主に選別と減容化）をどこで行うかを検討し，フロー図に落とし込んでいく．どこで処理するかは，被災地域にある処理施設を優先的に活用しつつも，処理目標期間や費用を勘案しつつ，仮設処理施設や広域処理を活用することも検討する．絵に描いた餅にならないよう，処理処分先とは搬入の条件（どこまで細かく選別しておく必要があるか，1日あたりの搬入可能量ほか）を含めて綿密な調整を行ったうえで処理フローを作成・更新していく必要がある**[1]**．

■ 災害廃棄物処理実行計画により業務全体を俯瞰して整理する

　災害が起きた後に，災害廃棄物をどう処理するか，処理フローを含めて業務全体を整理するのが災害廃棄物処理実行計画（以下，実行計画）である．

　実行計画には，まず，災害と被害の状況，それに基づく発生量の推計値が示される．また，リサイクルを重視するか，迅速な処理を重視するか，地域内の処理施設の活用を基本とするか等の処理の基本方針と，処理目標期間が定められる．そのうえで，目標を達成するための体制と処理方法および処理の現状が整理されていく．体制としては，自治体内の役割分担に加え，関連する外部主体との連携（2-9参照）についても記載される．処理方法は，処理フローと今後の処理スケジュール，処理の現状としては，主に仮置場の開設・運用状況を整理する．

　実行計画には，処理業務の全体像を整理して戦略的な対応を取りやすくする意義がある．処理業務には様々な不確定要素を伴う．例えば，異物混入等を理由に，ある処理先での廃棄物の受け入れを途中から断られることもある．また，収集，処理，最終処分を順番に行うのではなく，付随する様々な業務を含めて，並行して実施しなければならない（2-1参照）．このため，業務に一定の進捗が見られた段階で，俯瞰的な整理を行うことがきわめて重要になる．また，住民に向けて処理が着実に進められていることを示すという意味もある．とくに，自宅の近くに仮置場が設置された住民からすれば，「この廃棄物の山は本当になくなるのだろうか？」と心配になる．実行計画を通して，最終目標と現状の到達点，今後の予定をわかりやすく示すことは，安心情報として有用である．このようなメリットから，実行計画を作成することは災害廃棄物対策指針等で推奨されている．作成する場合は，災害が起きてから1〜2か月を目途に第1版を作成，公開し，その後は対応が進められる中で更新していく．

[1]　災害初動期からモノに着目した詳細な処理フローを作成することはできない．まずは場所に着目した処理フローを作成し，処理の流れを俯瞰したうえで，対応が進む中で更新していき，モノの流れを細かく捉えていくことになる．

2-4 災害廃棄物の発生量推計

多島　良

> 災害廃棄物の発生量は，災害廃棄物処理の方法を検討するための基礎的情報である．災害情報や被害情報をもとに，災害廃棄物発生量との関係式を用いて推計することになる．大きく分けて4つの局面があり，局面に応じた推計の目的，方法を理解することが重要である．

■ 推計の基本的な考え方

　災害廃棄物処理業務で必要となる基本的情報の中でも，発生量[1]はきわめて重要である．発生量をもとに，災害廃棄物処理に必要な予算，仮置場の必要面積，処理業務の内容と量を検討するためである．処理がすべて完了し，実際に処理した量の実績値が報告されるまでは，正確な発生量がわからないため，それまでは推計値を用いる．

　発生量の推計は，災害情報，被害情報，災害廃棄物発生量を結び付ける関係式を用いて行われる．災害情報とは，「最大震度○○の地震」「浸水域が△△km²」のように，災害そのものの大きさ・強さを表す情報である．この情報は，災害が起きてから比較的早い段階で実際の値がわかる．被害情報とは，実際に発生した被害の大きさを表す情報である．死者・行方不明者数等の人的被害と，家屋やインフラに関する物的被害がこれに相当する．発生量推計と深い関係があるのは家屋被害情報であり，この情報は概ね1か月程度が経過して罹災証明（住家の被害の程度を自治体が証明するもの）が発行されることで確定する．

　こうした関係式は過去の災害データから経験的に求められているものが中心である（3-1参照）．関係式は，特定の災害経験から得られたものが多いため，そこから得られる推計値が次の災害で精度よくあてはまる保証はない．災害は多様で，災害が起きる地域も様々であるから，得られた推計値が実態と乖離している可能性をつねに念頭におき，災害対応を進める中で更新していくことが重要である．

■ 推計値から実績値に向けた情報の更新

　発生量推計を行う機会として，図1のとおり，概ね4つの局面が想定できる．それぞれの局面で，推計の趣旨や推計値の性質が異なる．

　1つ目は，災害が起きる前に処理計画（2-2参照）を策定するときである．この時点では，災害情報はあくまで「想定」であり，それに基づいて被害情報を推計し，その推計値を用いて発生量を推計する．そもそもどのような災害が発生するかは予知できないことから，この時点の推計値は実際の量を示しているわけではないが，想定した災害が起きたらこの程度の災害廃棄物が発生し得るという規模感をつかむことはできる．推計値に基づいて，仮置場として用意すべき土地の面積を算定したり，地域内でこれだけの量を処理で

[1]発生量　厳密に言えば，処理すべき災害廃棄物の量を指す「要処理量」である．例えば，津波の引き波で海洋に出てしまった廃棄物は，「発生量」に含まれるが「要処理量」に含めない．ここでは，「要処理量」の意味で発生量という語を使用している．

きるかを検討したりすることで，事前の備えを進めていく．

2つ目は，災害が起きた直後である．この時点では，ある程度の精度で実際に起きた災害に関する災害情報が得られ，例えば，水害であれば浸水域や浸水深，地震であれば震度分布がある．これらをもとに被害情報を推計し，その推計値を用いて発生量を推計する．推計値を用いてさらに推計するため，どうしても実際の値とのかい離が大きくなるが，規模感をつかむ重要な情報となる．得られた推計値をもとに，組織体制（何人くらいで対応するか，専任チームをつくるか等）や予算規模を検討し，初動対応を進める．

3つ目は，発災から概ね1〜2か月が経過して実行計画（2-3参照）の第1版を策定するときである．この段階では，多くの片付けごみが仮置場に運び込まれ，処理も一部進んでいることから，発生量のうちの一部は実際にはかって知ることができる．この値に，今後発生するであろう量を足したものが，発生量推計値になる．この際，今後出てくる量をどのように推計するかがポイントになる．片付けごみについては，これまでの排出傾向（例えば，日々の搬入車両の台数の変化）から，どの程度の量の片付けごみがこの先に搬入されるかの見込みを立てる．被災家屋の解体に伴う解体ごみについては，解体予定棟数と1棟を解体した際に出る廃棄物量を掛け合わせて推計する．得られた推計値は，処理業務の発注や補助金の申請等に使われるため，ある程度の精度があることが望ましいが，実際にはまだ困難な局面である．

4つ目は，処理実行計画の見直しを行うときである．処理が本格的に動きはじめると，予想よりも解体棟数が少なく（多く）なった，想定よりも見かけ比重が小さかった（大きかった）等の理由から，実行計画の第1版で示した推計値とかい離があることが判明する．この時点では，片付けごみの仮置場への搬入は概ね済んでおり，処理も進んでいることから，重量や見かけ比重の実測値が手に入る．また，より確度の高い解体予定棟数を得ることができ，1棟解体することにより発生する解体ごみの量も実測値が手に入る．こうした実測値を活用し，発生量を精度高く見積もっていく．

このように，局面による発生量推計の考え方の違いを理解しておくことが，推計された発生量を適切に解釈し，災害廃棄物対策に活かすことにつながる．なお，実際の推計方法（3-1参照）は，災害廃棄物対策指針の技術資料【技14-2】[2] に詳しく記載されている．

	推計の目的	推計値の活用例	推計値の性質
発災前	地域で**想定**しておくべき災害廃棄物量の**規模感**を知る	・仮置場面積の必要量の想定 ・地域における処理能力不足量の算定	想定災害に基づく推計であり，**実際に発生する量を推計しているわけではない**
発災後 （直後）	**実際の**災害廃棄物量の**規模感**を知る	・組織体制の検討 ・予算規模の検討	実際に発生する量を推計しているが，**推計の誤差は大きい**
発災後 （1カ月程度）	**実行計画の** **第1版**を策定する	・処理フローの検討 ・処理業務の発注 ・災害報告書の作成	**実測値**がある程度得られるが，推計に依る部分も多く，一定の**推計の誤差はのこる**
発災後 （その後）	**実行計画を見直し**，処理完了までの道筋をつける	・処理フローの改訂 ・処理業務の発注見直し	**実測値**が得られるに従い，**推計の誤差は小さくなる**

図1　発災からの時期に応じた推計値の意味の違い

2-5 災害廃棄物の出し方と集め方

多島　良

> 各家庭から出される災害廃棄物は，自治体が設置する一次仮置場まで被災者が自ら運ぶことが基本となる．災害の規模や地域の状況によっては，地域ごとに集積所を設けたり，自治体が戸別収集したりすることもあり得る.

災害時に出るごみの種類

　普段から各家庭・事業所から出てくるごみは，災害時にも出る．また，避難所が開設されれば，避難者の生活に伴う避難所ごみが出される．これらのごみは，通常の生活時にも発生するものであることから，災害廃棄物にはあてはまらない．災害によって生じるものとしては，仮設トイレや避難所から排出されるし尿がある．また，片付けに伴う片付けごみと，被害を受けた家屋の解体に伴う解体ごみがあり，これらの全体が災害廃棄物である.

　発災後にも生活ごみは出るが，しばらくの間は自治体が収集できない場合もあり（例えば，収集車両が被災してしまった場合），しばらくは資源ごみの回収を中止する等の措置が取られることもある．避難所ごみは，他の生活ごみと同様に収集されることが多い．仮設トイレのし尿は，し尿収集車で汲み取り，処理施設まで運ぶことが基本となる．災害廃棄物については，住民が決められた場所まで運び，そこから先の運搬を自治体で行うことが基本であり，被災の程度が軽い場合等には戸別収集で対応することもある．住民が運び込む先は，自治体が設置する一次仮置場（2-6参照）が通常だが，地域の住民が一時的に設置・管理する集積場所を活用することもある．また，片付けごみの排出場所の周知が不十分な場合等には，道路わきや空き地に排出されてしまうこともあるため，その予防と発生した場合の事後対応が必要になる．被災者が家の中の片付けをひととおり終えるまでの期間（概ね1～2か月）は，図1に示すように，多様なごみが様々な場所で出される.

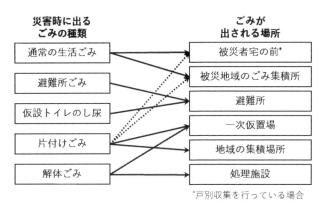

図1　災害時に出る主なごみとその排出場所
実線は基本の排出，破線は実態として見られるが望ましくない排出

■ ごみの出し方

　災害廃棄物を適正かつ迅速に処理するには，「分けて出す」ことが原則である．まず分けるべきは，生活ごみと災害廃棄物である．生活ごみには生ごみが含まれ，腐敗による公衆衛生リスクを避けるには，素早く収集して処理することが求められる．しかし，災害廃棄物と一体的に出されてしまうと，大型のごみに紛れてすぐに収集できなかったり（図2），収集効率が大きく低下してしまったりする．災害廃棄物についても，選別してから処理されることを考えると，品目ごとに分けて出すことが重要である（棚のプラスチック部分と木の部分を分けるような細かい分別ではない）．とくに，事故防止の観点からは危険物を分別すること，公衆衛生リスクの観点からは腐りやすいもの（濡れた畳等）を分けることが望ましい．一度混ざったごみは選別が困難になり，処理にかかる時間も費用も大きくなる．なお，被災者の立場からすると，一刻も早く家の中のごみを出して片付け，もとの生活を取り戻したいという思いがあるため，災害時に分別の手間を求めるべきではないという考え方もできる．実際，被災者からは「それどころではない」という声が聞かれる．しかし，分別することこそが迅速かつ適正な処理への鍵であり，廻っては住民のためであるという理解のもとに，被災地の状況を見つつ，分別の意義を説明しながら協力を呼び掛けることが重要である．

■ ごみの集め方

　自治体が設置・管理する一次仮置場まで住民が自ら運び込むことが基本となる．住民は家の前等自宅の近くに出し，それを自治体が回収するという考え方もあるが，収集能力が追い付かずに地域の生活環境が悪化する，分別しておく場所がないため混合ごみの山になる，本来は出すべきではないごみが便乗して出される等の望ましくない事態を招きがちである．災害廃棄物の量が少ない，ある程度の期間であればごみを放置しておける空地が存在する，収集の応援が多く得られる等の状況があれば対応できるが，大量の災害廃棄物を集める方法としてはできれば避けたい．

　他方，住民自らが一次仮置場まで運び込み，自治体は一次仮置場での分別管理に注力すれば，より管理がしやすい．しかし，この方法にも課題はある．まず，被災地の近くで一次仮置場の適地がないことがある．住宅密集地では空地が少なく，一次仮置場の要件（3-2参照）を満たす土地がなかなか見つからない．また，一次仮置場までの運搬手段の確保も課題である．軽トラック等の運搬手段を持たない場合や，高齢等の理由により運ぶことが身体的に困難という場合がある．さらに，一次仮置場への搬入車両の渋滞がある．一次仮置場では1台ずつ順に災害廃棄物を降ろしていくため，数kmにわたる渋滞ができてしまうこともある．こうした場合には，地域ごとに臨時の集積場所を定めて活用する，ボランティアに運搬の支援を依頼する，部分的に戸別収集を実施する等の対応が必要になる．

図2　生活ごみと災害廃棄物が混ざった様子（国立環境研究所提供）

2-6 仮置場とは?

多島　良

仮置場とは，災害廃棄物を分別，保管，処理するために一時的に設置する場所であり，場内では災害廃棄物の受け入れ，保管，分別，搬出に関する様々な業務が行われる.

仮置場とは

　仮置場とは，災害廃棄物を分別，保管，処理するために一時的に設置する場所であり，基本的に市町村が設置・管理・運営・閉鎖（解消）する．災害廃棄物は様々な場所から一度に大量に発生するため，各発生場所から処理先（清掃工場等）に直接運んでいると大変非効率である．災害廃棄物をすみやかに生活圏から取り除くためには，仮置場を設置することが有効であることから，規模の大きい災害が起きれば仮置場が設置される.

　仮置場には，大きく「一次仮置場」と「二次仮置場」がある．一次仮置場で行う分別だけでは処理処分先・再資源化先に搬出するまでの前処理（主に選別）が完結しない場合に，さらに細かい処理を行う二次仮置場が設置される．二次仮置場に住民が直接ごみを持ち込むことはないため，ここでは「一次仮置場」について解説する（以下，「仮置場」は一次仮置場を指す）.

仮置場で行われること

　実際の仮置場には，図1のように，災害廃棄物が品目ごとに集められる．場内には車の動線があり，場内を整理したり簡単な分別をしたりするための重機が動いている．受付や荷下ろしの手伝いをしてくれる作業員も配置される．水害の場合は，ごみが濡れているため，場内に独特のにおいが発生するが，生ごみ等が混ざって腐敗していなければ，ひどい臭気はない．多くの車やトラックが，災害廃棄物を運搬するために運行する.

　仮置場で行うことは大まかに4つある（図2）．1つは災害廃棄物の「受け入れ」である．仮置場の入り口では，持ち込んでよいものかを確認しつつ，

図1　仮置場の全体像（国立環境研究所提供）

図2　仮置場の4つの機能（著者作成．写真はすべて国立環境研究所提供）

仮置場内の説明をし，車両の数を数える作業が行われる．便乗ごみ**❶**，生ごみ，その他自治体が処理しない品目は，受け入れを断られる．

2つ目は「保管」である．運び込まれた災害廃棄物は，できるだけ早く処理先に運び出すことが原則であるが，品目によっては数か月間にわたり保管されることもある．これは，処理先が見つからない，前処理が必要等の理由からである．スペースを有効利用するため，運び込まれたものを重機でかきあげ，整理する作業も行われる．この間，健康被害，火災，環境汚染，場内事故等の二次被害が発生しないよう，適切に管理する必要がある．例えば，自然発火による火災を予防するためには，災害廃棄物の山を5mよりも低く保つことや，温度モニタリングを行うこと等が推奨されている．

3つ目は「分別」である．仮置場では，品目ごとに分別しながら荷下ろしすることが原則だが，結果的に混ざってしまったものは，改めて分別作業を行う．また，仮置場を開設してから時間が経過する中で，分別の方針が変わる場合もあり，新たな分別方針に対応するために分別作業が発生することがある．分別作業は，重機や人力によって行われる．

4つ目は「搬出」である．運び込まれた災害廃棄物は，品目ごとの処理処分先に搬出されていく．持込み時には，被災者が運転する乗用車や軽トラックや，業者の2〜4tトラックが中心だが，搬出にはより積載量の多い10tトラックやアームロール車が活用される．通常は，災害廃棄物の受け入れ，保管，分別，搬出は並行して行われる．受け入れと搬出の時間や動線を分けるなどの工夫を行い，場内の混乱や事故を防ぐ必要がある．

■ 住民として仮置場で気を付けるべきこと

仮置場に災害廃棄物を持ち込む住民として，どのような点に気を付けるべきだろうか．まず，自治体が出す仮置場での受け入れに関する案内を十分に確認しておくことである．受け入れていない災害廃棄物を持ち込めば受付で断られ，持ち帰るという手間が生じる．自治体によっては，持ち込みの際に地域の被災者であることを証明するもの（免許証や罹災証明書等）の提示を求めることもある．仮置場での分別ルールもあらかじめ確認しておけば，荷下ろしがスムーズになる．自治体と被災者がお互いの立場を理解し，ルールを守った行動をとることが，円滑な災害廃棄物処理につながる．

また，持ち込みの際には渋滞を覚悟しておく必要がある．とくに発災からしばらくの間は，休日を中心にごみを持ち込む車が殺到し，数時間待ちになることもある．自治体の側も，できるだけ渋滞を緩和するよう，交通誘導員を配置したり，仮置場内で車両が滞留しないように荷下ろしをサポートしたりする工夫が必要だが，それでも完全に渋滞を防ぐのは難しい．

安全面に気を付けることも忘れてはいけない．仮置場内では，散水等の粉じん対策は取られるものの，災害廃棄物を持ち込む際にはマスクをして作業するほうが安全である．また，重機やトラック等の大型車両も稼働しているため，事故が起きないよう，十分に注意する．被災により疲労がたまり，精神的にも余裕がないときだからこそ，気を引き締めて仮置場を利用していきたい．

❶ 災害とは関係のないごみ，例えば，災害で壊れたわけではないが倉庫にしまわれていたブラウン管テレビ（コラム4参照）．

2-7 住民への広報

多島　良

> 災害廃棄物を適正かつ迅速に処理するためには，住民の協力が欠かせない．災害時には，住民が知るべき情報を自治体から適切に発信するとともに，平時から分別排出への理解醸成を図ることも重要である．

■ 災害時に住民が知るべきこと

　不幸にも被災してしまった場合，被災者は壊れてしまったものを災害廃棄物として出さざるを得ない．この際，出し方がわからなければ，普段使用しているごみ集積所や地域の空き地に出すことは十分考えられる．こうした場合，自治体が早期に収集できなければ，その周辺環境が悪化するリスクがあるため，自治体が災害時にごみの出し方を適切に案内することは重要である．

　まずは，通常ごみと災害廃棄物を分けて出すことと，それぞれについて出し方を案内することが重要である．被害状況によっては，普段から活用している処理施設が被災したり，収集車両が被災したりすることで，生活ごみの一部（例えば，腐らない資源ごみ）について収集を制限せざるを得ないこともある．そうでない場合も，住民目線からいえば生活ごみと災害廃棄物を分けて出すべきという発想がないこともある．災害廃棄物の出し方については，出す場所（仮置場，清掃工場，家の前等），時間（仮置場であれば受け入れ時間），分別方法，持ち込めないもの（生ごみや便乗ごみ等）について案内する必要がある．

　また，被災により家屋が著しく損壊した場合，解体することもある．この際に発生する解体ごみの処理方法や処理費用の補助について，自治体の方針が決まり次第案内する必要がある．なお，不法投棄[1]や野焼きが禁じられている旨も，災害時には改めて周知しておくことが重要である．

　混乱を避けるうえでは災害時のごみ出し方法が一貫していることが望ましいが，災害後の状況は時々刻々と変化するため，実際には自治体の方針が途中で変わることもある．例えば，当初は「可燃ごみ」と「不燃ごみ」の2区分で案内されていたが，途中から畳や家電4品目等が追加されるといった具合である．このため，自治体の観点では最新の情報をタイムリーに住民に届けること，住民側からすれば災害廃棄物を出す際につねに最新情報を得るようにすることが重要である．また，災害廃棄物の処理方法は，自治体によって異なることにも注意が必要である．隣の市では家の前に出せばよいと案内されていても，自分の住む自治体でも同様だとは限らない．

■ 災害時の広報手段

　災害時にはできるだけ広く情報がいきわたるよう，様々な媒体を用いて情

[1] 決められた場所以外にみだりに捨てる行為．災害時でも，環境の悪化を招く処理は避けるべきである．

報を発信することが求められる．一般論としては，災害時でも確実に機能するか（頑健性），情報を取りにいかない人にも強制的に知らせることができるか（強制性），特定の層を対象に知らせることができるか（個別性）の各観点で，媒体ごとに特徴があるといわれている[4]．行政防災無線や広報車はいずれの特徴も備えており，積極的に活用するべきである．しかし，伝えられる情報量は多くなく，正確な内容が聞き取りづらいこともあるため，ホームページ，広報誌，チラシ等を併用してまとまった情報を正確に伝えることも求められる．テレビ・ラジオ・新聞等のマスメディアからの協力も得られると心強い（例えば，地方紙において自治体ごとの情報掲載を依頼する等）．即時性の観点ではSNSがとくに有力である．このほかにも，災害時には自治会や近隣住民同士の「口コミ」による情報伝達が多くみられる．こうした地域の情報伝達網でチラシ等の紙媒体を活用することで，素早く，正確に情報が伝達されると期待できる．

■ 平時から理解を深める

災害時により確実に情報を伝え，分別や自己搬入への理解を促進するには，住民が平時から災害廃棄物について意識する機会があることが望ましい．

そのための取り組みを行っている自治体もある．例えば，熊本県西原村では，2018年熊本地震での経験から，あらかじめ災害廃棄物の出し方について周知しておくことが重要と考え，毎年度発行している「家庭ごみ・資源収集カレンダー」に災害廃棄物の出し方を掲載した（図1）．災害時には防災無線やホームページ・広報臨時号を参照してくださいとしながらも，受け入れ品目や仮置場の見取り図の基本形を示しており，普段から心構えができるとともに，災害が起きた場合にもすぐに情報が得られる状況を作っている．大阪府堺市では，災害廃棄物処理計画を策定した際に，その市民版として「災害廃棄物処理ハンドブック」を発行している（図2）．全編にわたりイラストを配置し，災害廃棄物の出し方，避難所でのごみ分別，普段から気を付けておくべきこと等をわかりやすく解説している．他にも，広報誌で災害廃棄物を特集する例等もある．こうした事前広報の取り組みが広がることが望まれる．

図1　ごみ出しカレンダーに災害廃棄物の出し方を載せた例（熊本県西原村提供）

図2　処理計画の市民版を作成した例（大阪府堺市提供）

2-8 予算と補助金

多島　良・荒井和誠

> 災害廃棄物の処理には多額の費用がかかる．それに対し市町村は国からの補助金を受けることができる．補助金を受けるには災害等廃棄物処理事業報告書を作成し，その報告書に基づき災害査定を受ける必要がある．また，その前提として，災害廃棄物を適正に処理することが求められる．

災害廃棄物処理にかかる費用

　災害廃棄物処理には多額の費用がかかる．近年の災害における災害廃棄物処理事業費を図1に示した．いずれの例も，数十億円から数百億円規模の一大事業であることが共通している．また，1tあたりの事業費をみると，概ね3～6万円/tの範囲にある．事例間の差は，災害の種類と規模，土砂や津波堆積物の量，処理方針，政府の補助方針の違い等により生じているが，複数の要因が関係していることから，一概には説明できない．

災害等廃棄物処理事業費補助金

　市町村が災害その他の事由のために実施した生活環境の保全上，とくに必要とされる廃棄物の収集，運搬および処分にかかる事業を補助対象にしている[1]．対象事業にかかった費用の最大50%が補助され，残る50%のうち，80%（全体の40%に相当）を限度に特別交付税が措置される．つまり，事業費全体の90%を国が負担し，市町村を支援できる仕組みとなっている．また，残りの10%についても，災害の程度が著しい場合には，特別な措置により市町村の負担が軽減される．例えば，激甚災害による負担が一定の水準を超えた場合は，この10%分について災害対策債を起債し，その元金と利子の57%を特別交付税が措置される．その結果，国が事業費の95.7%を負担

[1]　ほかにも，災害に伴って便槽に流入した汚水の収集運搬と処分と，とくに必要と認めた仮設便所，集団避難所等のし尿の収集運搬と処分も補助対象となる．

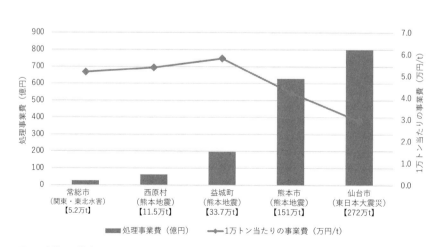

図1　近年の災害でかかった災害廃棄物処理事業費

し，自治体の負担は4.3%にまで軽減される．このほか，過去の大規模な災害では，自治体の負担をさらに軽減する措置が取られることもあった（東日本大震災では，実質100%を国が負担した）．

この補助金を得るには，発生した災害が補助の対象であることを確認したうえで，被災市町村は災害等廃棄物処理事業報告書（以下，災害報告書）を作成・提出する必要がある．災害報告書には，災害の状況や災害廃棄物処理の内容を示すほか，事業費の内訳の根拠を示す資料を提示することが求められている．例えば，積算単価の根拠として3社見積りや参考にした標準単価，労務費の根拠となる作業日報，委託契約書等，かかった費用が適正な物であったことを示すあらゆる資料をまとめる必要がある．これをもとに災害査定を受ける．

災害査定について

災害査定とは，査定官（環境省）および立会官（財務省）の職員が，市区町村等から提出を受けた災害報告書をもとに行う実地調査である．これに対応するために，対応する職員等をあらかじめ決めておき，だれが何を説明するか，根拠資料の提示方法や説明の仕方等を予行演習する等，事前の準備が不可欠となる．

査定本番の標準的な流れを図2に示した．災害報告書に記載した災害発生の事実を公的データで示し，被災写真や地図等により災害廃棄物が大量に発生したこと等の被害概要を説明する．そして，その災害廃棄物の処理の流れを，被災場所から仮置場，中間処理・最終処分施設までの処理フロー図を用いて，地図と被災場所や仮置場等の写真により解説し，収集，運搬，処分等に必要な経費および業費算出内訳を説明する．

これらの過程で，査定官および立会官からの厳しい質問，疑問，意見等があり，真摯に向き合い，前向きに淡々と説明することが求められる．最後の意見交換および講評にて，総事業費から査定で削られた事業費は補助金対象から外されて，その分が市区町村等の財政負担になる．

図2　災害査定の流れ

2-9 様々な主体との連携

多島　良

> 災害廃棄物の処理は，処理責任がある市町村の廃棄物担当者だけではなく，他部局の職員，都道府県，被災地外の応援自治体，民間事業者，ボランティア，D. Waste-Net等の様々な主体がかかわる．

■ 被災市町村の職員だけでは処理事業を実施できない

廃棄物処理法において，「災害廃棄物」は一般廃棄物にあたると解釈される．同法では，一般廃棄物の処理責任は市町村にあると規定されているため，災害廃棄物も市町村に処理責任があることになる．とはいえ，全国市町村の約半数は廃棄物担当職員が2人以下であり，被災市町村の職員のみで災害廃棄物処理に関係するすべての業務（2-1参照）を執り行うことが難しい場合もある．実際の災害廃棄物処理では，被災市町村の廃棄物担当部局を中心としつつ，様々な主体がかかわりながら処理が行われる（図1）．

被災市町村では，廃棄物担当課以外の職員も2つの形でかかわる．1つは，本来業務から離れて（辞令を受けて）一時的に災害廃棄物業務を手伝ってもらう場合である．集まった職員で災害廃棄物処理の専任チームを組織することもある．もう1つは，連携である．とくに，防災部局，土木部局，福祉部局とは，様々な局面で連携を図ることになる．

■ 被災市町村以外の行政主体

被災市町村以外の行政主体としては，都道府県が大きな役割をもつ．そもそも都道府県は，一般廃棄物の処理については市町村に対して「必要な技術的援助を与えることに努める」ことが主な役割であり，平時は一歩引いた立場から一般廃棄物の処理にかかわっている．災害時においてはより積極的に，被災市町村における処理事業の負担に応じて，技術的助言を行う，人員

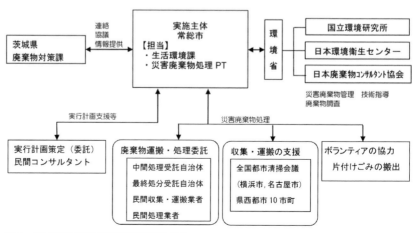

図1　災害廃棄物処理事業体制の例 [3]

を派遣する，事務委託を受ける[1]といった異なるレベルの支援を行う．国では補助金による財政的支援（2-8参照）を行うほか，規模が大きい災害では，環境省地方環境事務所の災害廃棄物対策専門官を中心とした支援チームが処理の行政事務に関する助言等を行っている．

このほかにも，被災地外から応援に駆けつける応援自治体（都道府県または市町村）の職員がある．近年の災害では，災害時相互応援協定の枠組み等を活用し，積極的な支援が行われている．収集運搬の支援については，全国都市清掃会議等の公益団体が調整を担うこともある．

民間事業者

災害廃棄物処理にかかわる主な業種は，一般廃棄物と産業廃棄物の収集運搬・処理業者である．災害廃棄物の性状は産業廃棄物に近く，とくに産業廃棄物処理業者がもつノウハウは貴重になる．また，建設業や解体業も，災害廃棄物の撤去・収集運搬で活躍を見せる．ほかにも，コンサルティング会社が情報の整理，実行計画（2-3参照）の策定に活用されることもある．

市民・ボランティア

被災家屋の中で行う片付けや災害廃棄物の運搬について，ボランティアは大きな役割をはたしている（4-7参照）．また，片付けを手伝いに被災地内外から親類縁者が集まる．

災害廃棄物処理支援ネットワーク（D. Waste-Net）

D. Waste-Netは，災害廃棄物の処理が適正かつ円滑・迅速に行われるよう，発災時と平時において自治体を支援する専門団体のネットワークである．学術専門機関や関連業界団体が，環境省の任命で構成メンバーとなる．災害時においては，環境省から要請を受けて，処理体制の構築，収集運搬支援，発生量推計の技術的助言，一次仮置場の管理運営支援等の各種現地支援を行う．

平時からの準備による円滑な連携

災害時の円滑な連携に向け，平時から災害協定を締結しておき，その内容についてできるだけ具体化するための協議を続けることが重要である．これは，個別の事業者ではなく業界団体との協定が中心となる．例えば，災害が起きた直後から仮置場の開設・運営が始まるが，そのための重機や人員の支援を円滑に受けるには，廃棄物処理関係団体や建設業関係団体との協定が有効である．また，発災後にかかわるであろう主体とは，処理計画の策定等の機会をとらえ，あらかじめ理解を共有しておくことが重要である．例えば，災害廃棄物の収集・運搬や仮置場での作業をボランティアに依頼することを想定している場合は，どのような作業が依頼できるか，何に注意して作業して欲しいか等の留意点を社会福祉協議会と議論しておくとよい．

様々な主体から支援の提供を受けるにあたっては，業務の差配，支援者との情報共有，宿泊や宿営地の確保等，支援を受ける受援側にも一定の負担は生じる．こうした負担により支援が適切に活用できない事態に陥らないよう，平時から受援方法を検討しておくことも重要である．

[1] 地方自治法に基づき，被災市町村が都道府県に対して事務を委託することで，災害廃棄物処理事業の一部を都道府県がかわりに実施することができる．過去には，東日本大震災，伊豆大島土砂災害，熊本地震，平成30年7月豪雨において行われた．

便乗ごみについて

高田光康

被災した自治体が災害廃棄物処理を進めていくうえで担当者を悩ませる課題の1つに，本来，災害廃棄物処理事業の対象外（処理に補助金がもらえない）である便乗ごみ**❶**の排出がある.

❶便乗ごみ 便乗ごみの代表格である退蔵品以外にも仮置場には被災自治体が災害廃棄物として処理すべきものに該当しないもの，例えば，明らかに事業者責任で処理すべき産業廃棄物や，被災を受けた地域以外から発生した廃棄物が持ち込まれることがある.こうしたことは発災直後，仮置場を開設したものの管理する人員が十分でないと起こりがちで，これらは便乗ごみというよりむしろ不法投棄にあたるものであるといえる.

便乗ごみと退蔵品

便乗ごみの典型的な例としてブラウン管テレビがある.国内のテレビ放送は2011年7月に完全地デジ化しているが，ごく最近の災害の仮置場でも廃家電類の集積場所にはブラウン管テレビが一定の割合を占めており，ほかの廃棄物と比べて外見の汚れや損傷が少ないものも多くみかけられる.ほかにも，ゴルフクラブのセット，ぶら下がり式健康器具，地域によっては古い農機具等，災害廃棄物の仮置場では特定の品目が平常時のごみ処理現場に比べてより多くみかけられる傾向がある.これらのものは，使用されなくなってから一定の年月，家庭の物置や空部屋に保管されていた，「退蔵品」と呼ばれるものと推察される.

退蔵品を生む要因

退蔵品を生む要因はいくつか考えられる.その1つは，いまは使わないがまた使うかもしれないと，現実的にはほぼ再使用の見込みのない物までため込んでしまう，やや過剰な「もったいない」意識がある.こうした行動を，資源を大切にする節約の美徳と捉えるか，物に執着して循環の流れを停滞させる行動と捉えるかは判断が難しい.退蔵品には衣類やふとん，書籍類といった可燃物も多いが，こちらはほかの被災ごみに混入して処理されるので，結果として大型ごみが注目されやすい.

また，退蔵品の中にはかなり始末の悪いものもある.倉庫の片隅にあったラベルが剥落し内容物が不明な古い液体の缶等はその典型例で，安易に取り扱うと危険が伴い，燃料，塗料，農薬，洗剤その他正体が判別しないと適切に処理ができない.

ブラウン管テレビのような再使用不可能なものが退蔵される理由はこれとは別である.要因として考えられるのは，少子高齢化社会の進行である.とくに地方では，家の物置や納戸等の収納スペース，空部屋等に使わなくなった学用品，玩具，家財道具等の類がため込まれ，住民の高齢化により大きく重い家具類等は自力で搬出することが困難になるため，退蔵の量は徐々に増えていく.

また，ここ半世紀あまり推進されてきたごみ減量化施策の影響も大きい.テレビの廃棄にはリサイクル料金がかかるようになり，多くの自治体ではごみ減量を目指し指定袋の導入，大型ごみの有料化，事前申告制の導入等を進めてきた.こうした施策には，ごみそのものを減らす効果とともに，ごみを出しにくくするという側面があるため，家庭から廃棄しそびれたものは退蔵品としてストックされている.

災害に遭遇した家の片付けをする場合，ほとんどのものを自治体が無料で受け取ってくれるため，被災した家財を整理する際に，災害とは関係ない退蔵品についても「これもついでに」と思ってしまうのはありがちな話である.

災害報道の現状と使い方

夏目吉行

　テレビや新聞で廃棄物に関連する報道を目にすることがあると思う．災害等が起こっていない平時の場合，大抵は，海洋プラスチックごみやレジ袋等プラスチックごみの環境問題，不法投棄や廃棄物処理法違反の事件，収集車の事故といった記事ではないだろうか．ごみはルールどおり出したら問題は何もない，廃棄物処理は適正にできてあたり前と思われがちな社会の中で，廃棄物の処理について，とくに，廃棄物行政については問題がなければ報道されにくく，「問題あり」がクローズアップされる性質をもっているテーマであると考えられる．

　大きな災害対応の報道のなかった2016年12月11日〜24日までの2週間に大手新聞3紙，主要TV局4局，民間通信社1社のホームページを検索し，平時における廃棄物関連の報道数を調べた（図1）．2週間で廃棄物処理法違反8件，不法投棄2件，許可業者の行政処分1件，組合提訴1件，収集車の横転事故1件，熊本地震関連の発表2件，新施設建設の発表2件，新制度の発表2件の合計19件（週あたり9.5件）あり，6割強が「問題あり」の記事，残りは公式発表に関する記事であった．報道の状況からみると廃棄物処理・廃棄物行政に対する社会的関心は，やはり「問題あり」が注目されているようであると感じる．

　災害時における廃棄物関連の報道の状況として，2016年に発生した熊本地震（4/14前震，4/16本震）において，平時と同じ新聞・TV等を対象として災害廃棄物に関連する報道数を調べている．結果は，4月15日から6月9日までの8週間で合計181件の記事を確認した（図2）．1週間あたりの報道数は平均で22.6件であり平時のおよそ2.4倍であった．また，発災直後の4週間に限定してみると1週間あたりの報道数は平時のおよそ3.3倍の報道数となっている．このような報道数の多さについての理由を社会的な関心の高さ，課題の大きさおよび迅速かつ適正な処理への期待（プレッシャー）の表れと捉えているところである．

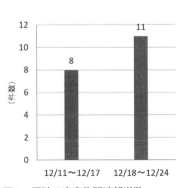

図1　平時の廃棄物関連報道数

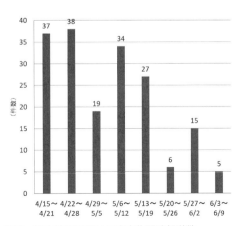

図2　熊本地震における廃棄物関連報道数

また，報道数の推移については，発災直後がピークであり，時間経過とともに徐々に減少している点から，災害報道に対する飽きから報道のニーズが減少しているということも想定できるが，発災後1〜2か月というタイミングであることから，災害廃棄物処理対応も初期のバタバタを脱し，処理方針に沿った対応ができ始めているフェーズに入り，「問題あり」が少なくなってきていることも影響しているとも考えたい.

　4月29日〜5月5日の3週目と5月20日〜5月26日の6週目に報道数が少なくなっているが，これは，ゴールデンウィーク（3週目），伊勢志摩サミット（6週目）が重なり，紙面もしくは放送時間の都合で災害廃棄物関連の報道数が削られていると考えられる. この点からは，災害時において，新聞・TV等による報道は情報収集のための重要な手段であると同時に，すべての情報が網羅的に伝えられているわけではないという認識をもって報道情報を取り扱う必要があることを意味する.

　記事内容を個別にみると，発災3日後の4月17日には『路上にあふれるごみ』の記事があった. いきなり「問題あり」の報道である. 災害時における対応では人命救助が優先であるというのが一般的な認識であり，報道も直後は人命救助に関する内容が多くみられるところであるが，人命救助が一段落した後の報道としては，「路上に延々と続く災害廃棄物の山」というのがショッキングな映像であり，近年の災害報道としての定番のように注目されている気がする. 実際のところ，平成30年西日本豪雨における真備町の災害廃棄物の様子はTVでの映像を見たあとに，現地で実際に見ているが，記憶に焼き付いたシーンであった.

　その181件の記事内容を「建物被害（被害棟数等）」「市区町村支援（他自治体からの支援の様子等）」「ごみ排出（町に排出されたごみの様子，推計量等）」「仮置場（仮置場の様子等）」「廃棄物処理施設（施設の停止，受入れの状況等）」「周辺情報（その他）」の6項目に分類してみると，「周辺情報」や「市町村支援」については8週にわたりコンスタントに報道されているが，路上ごみ問題等の「ごみ排出」や渋滞や置場不足といった「仮置場」の報道については4〜5週目までに集中していた. 発災直後に「問題あり」として報道されたそれらの問題は，4〜5週間のあいだに自治体の体制が整い，対応が進んだことで解消されたものとみたい.

　一般廃棄物である災害廃棄物の処理責任をもつ自治体としては，災害時におけるこうした災害廃棄物に関する「問題あり」報道を単なる情報発信，状況把握の場として見るのではなく，対応すべきミッションを見つける手段のひとつとして活用し，報道されなくなったら対応がうまくいっているというバロメーターとすることも災害報道の使い方かもしれない.

図3　平成30年西日本豪雨の倉敷市真備町（2018年撮影）

第**3**部
分別・処理戦略

3-1 発生量予測手法

眞鍋和俊

災害廃棄物量の推計は，発災前の災害廃棄物処理計画策定時，発災直後の災害廃棄物量の概算把握，発災から約1か月程度までに策定する処理実行計画策定時，災害廃棄物処理の進捗管理，それぞれの時点で災害廃棄物量を算定する必要がある．

災害廃棄物推計の基本的な考え方

災害廃棄物の発生量は，災害情報×被害情報×発生原単位で求まる（図1）．

例えば，災害情報と被害情報の関係については，建物構造（木造，非木造）と建築年代区分ごとに，震度と家屋被害（全壊率・半壊率）を示す関係式が作られている（これを「被害関数」とよぶ）．これを用いれば，ある地域における震度と，建築年代ごとの木造家屋数・非木造家屋数がわかれば，全壊棟数と半壊棟数が推計できる．同様に，被害情報と災害廃棄物量の関係についても関係式が求められており，全壊棟数，半壊棟数等の被害棟数がわかれば，災害廃棄物量が推計できる．

発災前および発災直後における災害廃棄物量は，ハザード情報や被害想定情報を用いた災害廃棄物処理対象量の推計であるが，時間の経過とともに測量や重量計測値等実績値を活用し，最終的な処理量を予測することとなる．

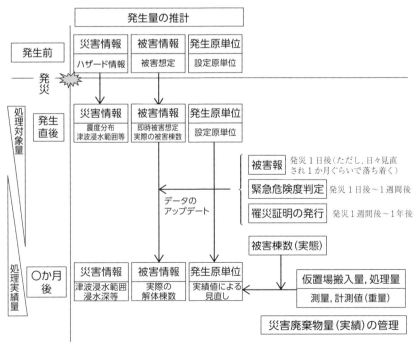

図1　発生量予測に用いるデータの時間的変化

推計方法

災害廃棄物発生量の推計は，発生原単位に住居の被害棟数（≒災害情報×被害情報）を乗じることで算出可能となる．

> 災害廃棄物の発生量（トン）＝Σ（発生原単位（トン／棟）×住居の被害棟数（棟））

発生原単位は災害廃棄物対策指針に示されているが，この原単位は，過去の災害の処理実績によるものであり，住居に加えて公共建物，そのほかの被害を含む処理量から算出しているものであり，被害全体を示したものであり，単純に建物1棟の解体に伴う発生量[1]を表すものではない（表1）．

住居の被害棟数は，発生原単位別に算出する．被害棟数は，発災前，発災直後，復旧・復興時期で変化するため，被害状況の把握の進度を受けて，より正確な被害状況を取り入れた算出方法により推計の精度を上げていく必要がある．

なお，発災前の被害想定では半壊について算定されていない場合もあり，また，一部破損の想定は算出されない．発災後については，被害報として損壊建物数が発表されるが，大規模災害時では，発災後数か月間は大きく変動することに留意が必要である．また，床上浸水1.8 m以上は全壊認定[26]となることも注意が必要である．

なお，発災直後に気象庁発表の震度情報を用いて被害想定を実施したり，人工衛星画像等を用いて被害情報を入手することが可能となっている．

発災後に活用可能な推計方法

発災直後の仮置場等に搬入された廃棄物量を推計する方法としてUAV[3]が用いられるケースがある（図2，3）．UAVによる推計は，事前に飛行経路等を登録しておけば従来の測量やGPS測量と比較して短期間で計測が可能となり，仮置場搬入量の日々の管理にも用いることができる．ただし，UAVで計測できるものは体積であるため，トラックスケール等で実測された重量との関係を整理し組成別の比重を求めることが重要である．

[1] 建物1棟の解体に伴う発生量は，「平成29年度 災害廃棄物対策推進検討会」に事例として示されており，延べ床面積当り木造0.6 t/m²，非木造1.2 t/m²となっている．

[2] 算定に用いられたデータは，東日本大震災における岩手県および宮城県の2013年5月時点の災害廃棄物量より設定．半壊は全壊の20%に設定．

[3] UAV Unmanned Aerial Vehicles（無人航空機）の略称．自律運行できるロボット端末については「ドローン」と称される．「ドローン」には，赤外線カメラの搭載も可能であり，仮置場の火災予知にも用いられる．

三次元モデルをもとに災害廃棄物量を推計し，緊急運搬・処理計画が策定され，撮影の1週間後には国道沿いの災害廃棄物は全量撤去，処理された．

第3部

分別・処理戦略

表1　災害廃棄物対策指針【技14-2】に示されている発生原単位 [10]

住居の被害	全壊	半壊	床上浸水	床下浸水
発生原単位[2]	117トン／棟	23トン／棟	4.60トン／棟	0.62トン／棟

図2　仮置場の写真画像と三次元モデル
　　　（2016年5月撮影）

図3　真備町の国道に置かれた廃棄物の三次元モデル（2018年7月撮影）

3-2 仮置場の必要面積および選定要件

浅利美鈴・多島　良

> 仮置場の確保は，災害廃棄物処理の初動時において，非常に重要な要素となる．平時から，予測される災害廃棄物の発生量に対して，必要面積を計算し，候補地をあげ，他部局等とも一定の合意に達しておくことが望ましい．発災後は，実際の発生状況を概観しつつ，選定要件を改めて確認し，すみやかに開設に漕ぎつけたい．

■ 仮置場必要面積算定の目的

仮置場の必要面積の算定は，平時および発災時，それぞれにおいて，災害廃棄物の発生量予測（2-4，3-1参照）を受けて実施すべき重要な作業となる．

- 平時：災害廃棄物処理計画の策定段階にて必要な面積を把握し，利用可能な仮置場候補地を選定しておく．庁内関係部局等に重要性を理解してもらい，調整・協議を進め，合意に達しておくことが望ましい．

- 発災時：初動時は，計画で想定していた災害規模や，過去の災害規模との比較等から，大まかに規模感をつかんで，仮置場の設置・運営を行う．徐々に発生量算定の確度をあげながら，追加の必要性や，その場合の必要面積等を検討していく．

■ 仮置場の必要面積の算定方法

代表的な算定方法としては，表1の2つの方法が環境省より提示されている[11]．方法1は災害廃棄物の全量を仮置きできる面積を求めることから，安全サイドといえるが，広い仮置場の確保は容易でないことを考えると，現実性に乏しいともいえる．方法2は，1年程度ですべての災害廃棄物を集め，3年程度ですべての処理を終えることを想定したものである．処理期間を通して一定割合で災害廃棄物の処理が続くことを前提としており，実態に近いといえるが，計算条件等を確認・明示しておく必要がある．

❶ 見かけ比重　見かけ比重は，仮置場の必要面積の算定結果に大きな影響を及ぼす．災害の種類や災害廃棄物の性状によって異なることから，当該地域における過去の災害事例がある場合には，その数値を用いたり，実際に仮置場へ搬入された災害廃棄物の計測値から設定したりする等，適宜見直しを行うことが必要である．方法2についても同様である [11]．

❷　仮置場の必要面積は，廃棄物容量と積み上げ高さから算定される面積に車両の走行スペース，分別等の作業スペースを加算する必要がある．阪神・淡路大震災の実績では，廃棄物置場とほぼ同等か，それ以上の面積がこれらのスペースとして使用された．そこで，仮置場の必要面積は廃棄物容量から算定される面積に，同等の作業スペースを加える [11]．

表1　仮置場の必要面積の算定方法 [11]

	方法1（簡易かつ安全サイド）	方法2（実態を考慮）
特徴	・発生した災害廃棄物の全量を仮置きできる面積（最大で必要となる面積）を算定	・処理期間を通して一定の割合で災害廃棄物の処理が続くことを前提とし，仮置場からの搬出を考慮して算定
式	面積＝集積量÷見かけ比重÷積み上げ高さ×（1＋作業スペース割合）	
値・方法	集積量：災害廃棄物の発生量と同値 (t) 見かけ比重❶：可燃物0.4 (t/m³)，不燃物1.1 (t/m³) 積み上げ高さ：5 m以下が望ましい． 作業スペース割合❷：100%	集積量＝災害廃棄物の発生量－処理量 処理量＝災害廃棄物の発生量÷処理期間 見かけ比重：可燃物0.4 (t/m³)，不燃物1.1 (t/m³) 積み上げ高さ：5 m以下が望ましい． 作業スペース割合：0.8〜1

■▪ 仮置場の選定要件

発災時には，自衛隊の野営場や避難所・応急仮設住宅等としての利用等，様々な用地が必要となり，仮置場と競合する案件も多い．そのような中で，仮置場にどうしても必要な要件等を把握しておくことは重要である．

平時からの候補地選定にあたっては，次の場所等を参考に選定する[12]．都市計画法第6条に基づく調査で整備された「土地利用現況図」も参考になる．なお，候補地の合計面積が，計画上の必要面積に満たない場合は，条件に完全に適合しない場所でも，注意点や利用条件（例えば，街中の公園は，臭気発生の可能性の低い品目に限定して回収できる等）を付して候補地とすることも検討する．

- 公園，グラウンド，公民館，廃棄物処理施設，港湾等の公有地（市有地，県有地，国有地等）
- 未利用工場用地等で，今後の用途が見込まれておらず，長期にわたって仮置場として利用が可能な民有地（借り上げ）
- 二次災害のリスクや環境，地域の基幹産業への影響が小さい地域

発災時は，発災状況を確認しながら，次の点を考慮し，候補地等から仮置場を選定する[12]．

- 被災地内の住区基幹公園や空地等，できる限り被災者が車両等により自ら搬入することができる範囲（例えば学区内等）で，住居に近接していない場所とする．
- 仮置場が不足する場合は，被災地域の情報に詳しい住民の代表者（町内会長等）とも連携し，新たな仮置場の確保に努める．

■▪ 仮置場開設時のポイント

発災時の仮置場の設置にあたっては，次のような点に注意する．このような点を守らなければ，仮置場の開設直後から場内が混乱して早期や一時的に閉鎖せざるを得なくなったり，現状復旧や費用負担で認識の離齬が生じて，事業の完了が遅れたりするといった弊害が生じてしまう．

- 発災直後から排出される片付けごみの保管場所として，仮置場の開設は迅速に行う必要がある（2-5，2-6参照）．
- 仮置場の開設にあたっては，場所，受付日，時間，分別・排出方法等についての広報，仮置場内の配置計画の作成，看板等の必要資機材の確保，管理人員の確保，協定締結事業者団体への連絡等，必要な準備を行った上で開設する（2-6，3-5参照）．
- 迅速な開設を求められる中にあって，住宅に近接している場所を仮置場とせざるを得ない場合には，周辺住民の代表者（町内会長等）あるいは周辺住民に事前に説明する（2-7参照）．
- 仮置き前に土壌の採取を行い，必要に応じて分析できるようにしておく．
- 民有地の場合，汚染を防止するための対策と原状復旧時の返却ルールを事前に作成して，地権者や住民に提案することが望ましい．

3-3 環境対策，火災防止策

遠藤和人

防じんマスクの着用を前提とし，板状建材の適正な分別保管とその管理が環境対策として重要である．火災予防のためには，混合廃棄物で高さ５m以下，腐敗性廃棄物で高さ２m以下とすることで対応する．

■ 環境対策

まずあげられるのは，防じんマスク着用の重要性である．仮置場では，粉じんを発生させないように適度な散水等を実施することも有効である．必要に応じて飛散防止ネットの設置等を行い，仮置場周辺への環境配慮も求められる．石綿含有建材（L3）が，板状建材として山になっている場合があるが，仮置場設置から数週間経過すると，仮置場内の車両動線へと山が崩れて，車両等によって破損されているケースが多々ある．また，板状建材を一絡げにせず，事後の搬出先を意識して，石綿含有建材とそうでないケイカル板や，廃石膏ボードを分別して保管し，山が崩れる前に搬出を促したり，適正に管理することが重要である．

仮置場に灯油缶や農薬類等の有害物質を保管する場合も，雨ざらしとなって有害物質等が地下浸透しないように遮水シート等による被覆や敷設等を行い，土壌汚染等に対する配慮が求められる．大きめの仮置場の場合，万が一の漏洩対応として調整池や，簡易的な水処理施設を設置することも有効である．太陽光パネルを仮置きする場合には，たとえパネルが破損していたとしても発電する可能性があることから，太陽光を遮断する保管方法を採用することが求められる．

仮置場の環境対策をしっかりと施すことは，結果的に適正な分別を促すことになる．仮置場は，災害廃棄物処理における第2の排出源となることを忘れてはならない．

■ 火災防止策

仮置場における災害廃棄物の火災の多くは自然発火である．一般的には深さ２〜４m程度から出火する無炎の燻焼火災となる．自然発火防止には，発熱速度＜放熱速度とすることで対応する．具体的には，混合廃棄物を含む可燃性廃棄物等の積み上げ高さを５m以下とすることが望ましい．５mを超過した山を構築すると，発熱速度＞放熱速度となって蓄熱し，発火に至る可能性が生じる．木質チップや剪定枝，廃畳等の腐敗性廃棄物は発熱速度が大きいため，例外なく高さを２m以下にする必要がある（丸太や角材等を除く）．堆積高さの点検や，危険物（バッテリー，カセットボンベ，灯油缶等）の混入を回避できるように仮置場管理を行って火災防止に努める必要がある．

3-4 防じんマスクによる飛散粉じん対策

鈴木慎也

> 災害廃棄物の撤去・処理活動における粉じん曝露量を低減・防止するために，撤去や処理等に従事する者は適切な防じんマスクを着用する必要がある．想定されるすべての有害物質の除去を目的とした防じんマスクの着用が理想的である．

■ マスクの種類

　防じんマスクは国家検定合格品から選定する必要がある（合格標章が貼付されている）．防じんマスクは全部で12種類に分類されており，形状により使い捨て式（D），取り換え式（R）の2種類，粒子捕集効率による3段階（区分1・2・3），粒子捕集効率試験を固体粒子（塩化ナトリウム）（S）で行うか，液体粒子（フタル酸ジオクチル）（L）で行うかの2種類によって分類されている．例えば，表1の「DS3」とは使い捨て式，試験粒子は固体の塩化ナトリウム，粒子捕集効率99.9%以上の区分であることを示している．

■ 適切な防じんマスクの選定順序

　表1に示した区分をもとに，作業内容に応じて適切な防じんマスクを使用することが求められる．まず，オイルミストが発生しそうな場合は必ずLタイプを使用することが求められる．それ以外では通常取替式・区分3（粒子捕集効率99.9%以上）であればどの作業にも対応できる．区分3が入手できない場合には，表2をもとに判断すればよい．適切な防じんマスクの選定順序は下記の通りである．

1) 物質の種類と濃度を確認
2) 作業内容に適したマスクの区分を確認
3) マスクのタイプを決定
4) マスクのサイズを確認
5) 他の保護具（眼鏡等）との属性を確認
6) 教育／装着トレーニングの実施
7) フィットチェックの実施
8) 点検・保守の実施

表1　防じんマスクの区分

項目	試験粒子		粒子捕集効率	区分
	塩化ナトリウム (NaCl)(S)	フタル酸ジオクチル (DOP)(L)		
使い捨て式(D)	DS3	DL3	99.9%以上	区分3
	DS2	DL2	95.0%以上	区分2
	DS1	DL1	80.0%以上	区分1
取替式(R)	RS3	RL3	99.9%以上	区分3
	RS2	RL2	95.0%以上	区分2
	RS1	RL1	80.0%以上	区分1

表2 作業内容による防じんマスクの使用区分

項目	オイルミストなし	オイルミストあり
・放射性物質がこぼれたとき等による汚染のおそれがある区域内の作業または緊急作業	RS3 RL3	RL3
・ダイオキシン類の曝露のおそれのある作業		
・その他上記作業に準ずる作業		
・金属ヒュームを発散する場所における作業（溶接ヒュームを含む）	DS2, DL2, RS2, RL2, DS3, DL3, RS3, RL3	DL2, RL2, DL3, RL3
・管理濃度が0.1 mg/m$^{3\,(\%1)}$以下の物質の粉じん等を発散する場所における作業 　※1：カドミウム，クロム酸，重クロム酸，ベリリウム，鉛およびその化合物		
・その他上記に準ずる作業		
・上記以外の一般粉じん作業	DS1, DL1, RS1, RL1含 むすべて	DL1, RL1含む Lタイプすべて

■ 着用方法

　粒子の捕集効率が高い防じんマスクを着用しても，着用者の顔面と防じんマスクの面体との密着性が悪ければすき間ができ，そのすき間から粉じんがマスク内に侵入して，防じんマスクの効果を低下させてしまう．マスクの種類によって装着の方法が違ってくるため，付属している取扱説明書に従って着用しなければならない．図1は使い捨て式防じんマスクについての「悪い例」を示したものである．着用にあたっては十分に注意されたい．着用方法ならびにその注意点は下記の通りである．マスクの変形・破損の確認を行い，着用者の顔面に合った防じんマスクを選択しなければならない．

1) マスク位置の調節
2) 締めひもの長さ調節
3) 排気弁等の各部の接続状態の確認

■ 留意事項

1) 防じんマスクは，環境空気中の酸素濃度が18％未満の場所では使用してはならない．

2) 有害なガスが存在する場所では使用してはならない．

3) 使い捨て式防じんマスクは，アスベスト（石綿）取扱い作業に使用してはならない．

4) 薬局やコンビニエンスストア等で購入可能な不織布マスクは，新型コロナウイルス感染拡大防止等には有効であるとされているが，災害廃棄物処理の作業内容によっては必ずしも作業従事者の安全を確保するとは限らない．使用目的や状況に応じて使い分けることが必要である．

しめひもが片側はずれている　マスクが上下逆さま　しめひもが首元で2本がけになっている　しめひもを加工して耳かけ式にしている

図1 使い捨て式防じんマスクについて「悪い例」 [14]

3-5 災害廃棄物の分別例

佐伯 孝

発災直後において災害廃棄物は片付けごみが主であり，分別した状態での仮置場への持ち込みが困難である．発災からの時間経過に伴い仮置場に持ち込まれる災害廃棄物は変化し分別も可能となってくることから，各ステージにおいてどのような分別が仮置場にて対応可能であるかを想定しておくことで，住民への負担を最小としつつ効率的な仮置場の運用が可能となる．

■ 発災初期（発災直後〜 2 週間）

　災害の種類にもよるが，地震，津波や豪雨では，道路交通網への被害を免れた地域や水が引いた地域においては，発災から比較的早く住民が被災した家屋の片付けを開始することが可能である．そのため，仮置場には，被災した家屋等から排出された片付けごみや流れ込んだ土砂等が，短期間に大量に搬入されることになる．地震による液状化や津波，豪雨災害による土砂災害や浸水が長引く地域では，被災地の片付けに必要な道路交通網が被害を受けることから，住民が被災した家屋の片付けを開始するには発災から時間がかかることとなる．発災後最初の週末にボランティアが多く現地に入ることから，被災家屋の片付けが一気に進み，仮置場への持ち込みもそれに合わせて増大する．

　発災直後は行政，住民ともに混乱状態であることから仮置場への搬入における分別方法や搬入禁止品目等の周知を十分に浸透させることが困難である．さらには，仮置場の現地において交通整理，分別指導のための作業員を十分に確保することが難しい場合もある．このような発災直後の混乱状況において，住民に仮置場で細かな分別を要求することは簡単でなく，また，仮置場における住民の滞在時間が長くなると，周辺道路の渋滞等のほかの問題を生じさせることが懸念されることから，片付け時点からの最低限の分別と，仮置場での効率的な分別の受け皿を工夫することが重要となる．

　発災直後の仮置場において，仮置場における車両の滞在時間の短縮が重要である．仮置場は，入口と出口を別々に確保することよって仮置場内における混乱を避けることができる．さらに，仮置場内は一方通行にすることで場内における事故の発生を抑制することができる．発災直後は搬入される災害廃棄物は被災家屋の片付けごみが大半であることから，分別品目の例として，①木製家具等の可燃物，②金属製品等の不燃物，③ガラス，陶磁器くず，④家電リサイクル対象製品，⑤混合状態の廃棄物，⑥農薬

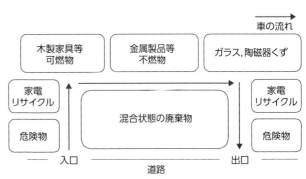

図1　発災直後の仮置場配置案

表1　仮置場での分別品目

分類	仮置場での分別品目
コンクリートがら	コンクリートがら
	自然石
瓦類	セメント瓦
	類瓦（陶器瓦）
木くず	ガラス・陶磁器
	木くず
	生木
	抜根
金属くず	金属くず
可燃物・可燃系混合物	畳・むしろ
	布団
	廃プラスチック
	ソファ・マット
	可燃混合物
不燃物・不燃系混合物	石膏ボード
	スレート
	サイディング
	解体残さ
その他	バッテリー，タイヤ等
	農薬，塗料等
	家電リサイクル対象製品

や車のバッテリー，塗料，薬品等の危険物の6分別程度が限界であると考えられる．上記の車の流れ等を考慮した仮置場の配置案を図1に示す．危険物は内容物が漏洩する可能性も考え，樹脂製容器に回収することが望ましい．コンクリート塊やブロック等は，重量があること，自家用車に積載しにくいことなどから発災直後に持ち込まれることが少ないため，発災直後には場所を大きく用意する必要はないと思われる．浸水被害を受けた地域では，布団や畳，マットレス等地震の際には発災直後には片付けごみとして多く持ち込まれることとなる．さらに片付けごみには土砂が付着しているため分別がさらに困難となるため，仮置場では混合状態の廃棄物の置場を広くし，畳のような濡れた状態では腐敗が懸念される廃棄物の置場を確保する必要がある．

　土砂災害や津波被害，豪雨による浸水被害によって発生した土砂や津波堆積物は仮置場へ運び込むためには土嚢袋への詰め込み等の作業が必要となることから，発災直後の持ち込みは多くはないものと考えられる．

　発災直後の混乱状態においては，混合状態での搬入を前提とし，人員が確保でき次第，混合状態の廃棄物を可燃物，不燃物へ分別が可能な配置で集積しておくことが重要となってくる．

　仮置場の開設当初は，災害による停電の影響により生ごみが各家庭において大量に発生することが予想される．その腐敗性の高い廃棄物が一次仮置場に搬入されると時期にもよるが，悪臭や害虫等が発生することがあることから，通常のごみ収集を可能な限り迅速に再開すること，住民へは生ごみ等は通常のごみ収集に出すことの周知等の対応が必要となる．

■ 応急対応期（発災から2か月）

　発災から1～2週間が経過すると混乱が落ち着き，住民への分別の周知や仮置場での分別指導を行う人員も確保できるようになるため，仮置場での分別品目の見直しを順次行うことが可能となる．さらに，二次仮置場や産業廃棄物処理施設等への搬出体制も整い，その搬出体制や二次仮置場での受け入れ体制に応じて各仮置場における廃棄物の配置や品目を考える必要がある．さらに，仮置場で使用する重機が手配可能である場合には，仮置場で発災直後に持ち込まれた混合状態の廃棄物の分別等も行うことが可能となる．応急対応期に入ると，様々な方面からの支援が始まり，重機やトラック等を持ち込んでの支援も始まるため，重量物であるコンクリート塊やブロック等や土砂や津波堆積物についても一次仮置場への搬入が始まる．しかし，被災家屋の解体が始まるのはもう少し時間がかかることから，コンクリート塊や家屋解体材が大量に搬入されることはないと思われる．

　木くずや畳，布団等の可燃物は持ち込まれた当初は湿っていなくても，保

管期間中に降雨により水分をもち，発酵等による温度上昇にともなう火災の危険があるため，積み上げ高さや適切な管理が必要（3-13参照）となる．また降雨により汚水が染み出すため，置き場所にも注意が必要となる．

復旧復興期（発災2か月以降）

復旧復興期になると，被災した家屋の解体が開始されるため木材や木くず，柱材等の解体材，基礎を破砕したコンクリート塊や瓦，スレート等が大量に持ち込まれるようになる．このような被災家屋の解体に伴う廃棄物を一次仮置場において受け入れるのか，ある程度解体現場で分別を行い直接二次仮置場に持ち込む，または直接リサイクル・処理施設に搬入するかを決める必要がある．

家屋を解体する際に発生する木質系廃棄物（3-8参照）は，性状によってリサイクル方法が異なることから解体現場で分別解体されたものがふたたび仮置場において混合してしまわないようにきちんと置き場の確保が必要である．同様に瓦（3-12参照）も様々な種類があり，それぞれリサイクル方法が異なることから，解体業者や住民が持ち込む際にきちんとした分別の指導が必要となる．

2016年の熊本地震の例

2016年の熊本地震では住民やボランティア等に分別方法や搬入禁止品目等が十分に浸透せず，混乱が生じた．そのため，適切な分別搬入ができず危険物や通常ごみを含む混合状態の廃棄物が積み上がったため仮置場を一旦閉鎖し，混合状態の廃棄物を分別・排出を行ったケースが報告されている．

熊本県西原村の仮置場における分別品目の見直し例が報告されている．発災初期では，

　可燃・プラスチック，木質系，金属，ガラス・陶器，混廃，スレート，石膏ボード，サイディング，コンクリ・ブロック，瓦，リサイクル家電

の11種類の分別であった．その後，リサイクル方法の異なる瓦を分けたり，蛍光灯は水銀を含有するため通常のガラスと分けるために，分別する品目を増やし，

　生木，木の根，木材・木くず，畳，ソファー・マットレス，布団・塩ビパイプ等，コンクリート・瓦礫，自然石，セメント瓦，化粧瓦，アスファルト，混合廃棄物，サイディング，スレート，石膏ボード，ガラス・陶器，金属，塗料等，廃タイヤ，小型家電，蛍光灯，リサイクル家電

の22種類の分別を行ったと報告されている．生木，木の根，木材・木くずに分別されているが，木材・木くずは実際には柱材等詳細に分けられている．

3-6 全壊家屋等の解体・撤去と分別

茶山修一

災害に伴い倒壊する等，居住不能となった住居や事業所等の建物（以下，「家屋等」という）は，公費により解体・撤去することがある．家屋等が被災した場合，公費による解体・撤去の考え方と注意点を解説する．

■「全壊家屋等を公費により解体・撤去」するとはどういうことか

住居や事業所等の建物を「解体・撤去」するという行為は，本来は「財産」の「処分」の一形態であって，所有者にその権利が帰せられるものである．

しかし，不幸にも災害に見舞われ，被災以後の使用に耐えられなくなる建物等も発生する．これらは悪臭や害虫，カビの温床となり，周辺環境の悪化につながるおそれが生じる．すなわち，生活環境保全上の支障が生じ，場合により二次災害の要因となるとともに，災害から面的な復興を進める上で障害となり得る．

そのため，「全壊」の罹災判定を受け公的に居住不能とされた家屋等については，市町村長が撤去の必要性を判断し，所有者が市町村長に撤去を依頼すれば，廃棄物処理法に基づき災害廃棄物として，公費により市町村が当該家屋等を撤去することができる．

■ 事務上の注意点等

市町村においては，全壊家屋等の解体・撤去を受け付ける場合，以下の諸点に十分注意すべきである．

①罹災証明書の発行状況，②受付期間，範囲，対象者，③申請時に確認すべき書類，④受け付けおよび事業執行の体制，⑤解体・撤去作業を実施する事業者への発注，⑥被災者への案内・広報手段，⑦解体・撤去に伴い発生するがれき類の処分方法，以上については災害廃棄物を担当する部署において早期に計画する必要がある．

全壊判定を受けた家屋等とはいえ，見た目はさして被災したように見えない場合や，建物の柱や壁がそのまま残っている場合もあり，これらを撤去するために「解体」作業を伴うことがある．そのため，公費解体は建設系業務の側面をもつものと考え，市町村において体制を整える必要がある．とくに大規模な災害の場合には，④に関連し，庁内に廃棄物・土木・建築・財務等からなる専門チームを立ち上げる必要がある．

また，全壊家屋等を解体する際，一般的な住宅を例にすると，作業員4人程度のほか重機とダンプ，交通誘導員も加えたチームで1週間程度かかるケースが多い．ここから被災状況，全数解体完了目標時期に応じたチーム数を手配する必要がある．なお，マンション等の大型建築物の場合には，通常のチームとは異なる大掛かりな体制が必要となる．

いずれにしても全壊家屋等を解体・撤去する場合には，市町村，解体工事業者ともに相応の体制が必要となるため，被災規模が大きく，多数の全壊判定が予想される場合には，庁内はもとより解体工事を委託することになる事業者または事業者団体と早期に対応を協議しておく必要があろう．

申請する所有者においては権利関係を整理し，解体にともないトラブルが起きないよう準備することが求められ，申請に際しては延床面積がわかる公的書類も必要である．このため市町村はこれらも十分に周知する必要がある．

なお，これまでの大規模な災害に見舞われ，全壊家屋等を解体・撤去した市町村においては，まず建て方（木造か非木造か）に応じた床面積１平方メートルあたりの解体費用をあらかじめ算出し，これに延べ床面積を乗じて費用を算出する方法によったところがほとんどであり，その際の予算執行上の支出科目は「委託料」で執行している．一方マンション等の大規模建築物では個別の解体設計を行い「工事請負費」で対応したケースが多い．

■ 解体・撤去にあたっての注意点等

解体にあたっては，まず市町村と実際の解体作業を行う事業者そして申請者の３者が現地で打合せをする必要がある．いつごろから作業に入るか，着手前に被災家財や貴重品等を申請者の責任で撤去しておくこと，また緊急時や作業中におもいでの品と思しき物を発見した際の連絡体制等を相互に確認する．この際，解体・撤去対象となる物件の取り違えを起こさぬよう，打合せにくる事業者は実際にその現場に入る者限定とすべきである．

解体作業者においては，現場で極力品目ごとに分別し，整然と仮置場に搬入すべきである．このため，いわゆる「ミンチ解体[1]」は慎む必要がある．その後の廃棄物処理への負荷も考慮し，さらに省資源の観点からリサイクルも可能な限り進めることが求められている．

解体・撤去現場の状況にもよるが，最低でも柱角材，壁材，屋根材，金属類，その他可燃物，不燃物に分け，それらの中でアスベストその他取扱や処分に厳重な対応を要する建材は他の部材と分ける必要がある．壁材や屋根材はさらに細かく石膏ボード，土壁，瓦，スレート等に，金属類も鉄製品とアルミ製品に細かく分けるのが望ましい．分別が細かければ，最終処分場に搬入処分する量を減らすことが可能となり，災害後の残容量の逼迫を多少なりとも緩和することにもつながり，リサイクルの際もリサイクル率が向上することを意識する必要がある．

作業実施時には騒音や振動への対策，粉じん抑制が求められることが多く，シートで囲う，また状況により散水も併用する等，近隣への配慮は不可欠である．とくに住宅密集地はもとより，医療機関，学校の近隣で作業を行う場合にはなおさらである．

全壊家屋等の公費による解体・撤去については，災害等廃棄物処理事業費補助金の補助対象となり得るため，最新の制度運用の枠組みや工法，補助制度に従い，市町村が迅速に対応することが必要である．

[1] ミンチ解体　分別せずに建築物等を一気に壊してしまう解体のことをいう［23］.

3-7 混合可燃物

鈴木慎也

混合可燃物は，木くず，畳，廃プラスチック類等，リサイクル可能なものも多いため，仮置場での分別を徹底することで，焼却処理量を大幅に減らすことができる．混合可燃物は，重量の割に容積が大きく，大量に発生する．火災防止対策を講じる必要がある．

処理フロー

一時保管，一部破砕処理を行う仮置場に集積する際には，機械選別や焼却処理を行う仮置場等へ運搬する「混合可燃物」と，再資源化施設へ直送できる「木くず」とは，できるだけ分別をした上で保管することが望ましい．可燃物については再資源化を検討することだけでなく，火災発生の防止もきわめて重要であり，腐敗しやすい畳等も状況に応じて分別するべきである．片付けがれき中の混合可燃物には雑多なプラスチック類が多く含まれている．ビニル類が絡まったりするため，保管期間が長くなるほど分別しにくくなることに注意が必要である．一時保管時の廃棄物の堆積高さが高くなりすぎないようにすること，木材については破砕処理等をしても容積縮減効果はそれほど期待できないこと等を考えると，適切な面積をもった仮置場を確保できるかが重要である．

また，図1に示すように，混合可燃物の性状に応じて手選別もしくは機械選別を実施すること，既設炉の被災状況等に応じて仮設焼却炉の建設を検討する可能性があること等をあらかじめ考えておくことが求められる．

STEP1　分別・保管

リユース・リサイクルできる木材はできるだけ分別し，まとめて保管する．自然発火しやすいこと，季節によっては腐敗しやすいことから，長期保管を避けることが必要である．土砂や泥等の付着が著しいものは，重機や選別機を利用してできるだけ取り除いておく．また，海水に長時間浸かった木材等については，除塩を行うことが望ましい（3-8参照）．

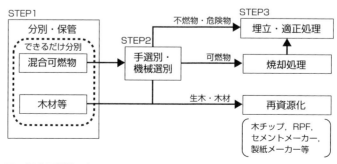

図1 混合可燃物の処理フロー

機械選別や焼却処理を行う仮置場へ搬出するときは，大きいものと小さいものをできるだけ分けながら積むことで，それ以降の選別作業を軽減できる.

STEP2　手選別・機械選別

リサイクルできる品目を効率よく選別し，焼却処理量や埋立量を少なくすることが重要である．混合可燃物には表1に示すようにリサイクル可能な廃材も含まれている．木材等や畳だけでなく，混合可燃物の組成や受入先確保の状況に応じて廃プラスチック類の分別を行うことが望ましい．このとき，セメント工場等の受入れ先において塩分含有量に対する受入制限を定めている場合が多く，マテリアルリサイクルが比較的容易な塩化ビニルについては分別することが望ましい．これらのうち，大きな廃材の選別には，選別作業ヤードに荷を広げて重機や人の手により目的物をピックアップする「展開選別」が一般的である．小さな廃材は，ベルトコンベアに廃材を流して，作業員がコンベア上で目視によって目的物を手選別する「ライン手選別」が効果的である．また，混合可燃物を大小で分ける方法として「トロンメル」や「振動ふるい」を用いて選別を行うことで，さらに選別効率を高めることができる．この方法は，ふるい目を段階的に変えることで可燃物に付着している土砂等を除くこともできる.

STEP3　焼却処理，埋立，適正処理，再資源化

焼却炉については，被災地域内および域外の一般廃棄物用の既存焼却炉の利用が考えられるが，既設炉の被災状況，焼却しなければならない廃棄物の量によっては「仮設焼却炉」の設置が必要となる．仮設焼却炉の場合でも，800℃以上の十分な燃焼温度管理と排ガス処理機能を有する必要があり，合わせて法の維持管理基準を満たす装置が設けられていることが求められる．災害廃棄物の場合には様々なごみが混入する可能性が高く，設備の焼却炉の損傷が多くなることが予想されるので，メンテナンスを行いやすい焼却炉であることも重要である．東日本大震災で実際に設置された仮設焼却炉の方式は「ロータリーキルン式炉■」と「ストーカ式炉■（固定床式炉を含む）」に分かれる．混合可燃物から選別される不燃物や危険物については，埋立，適正処理を行い，生木，木材等塩分濃度が低く再資源化可能なものは必要に応じて破砕処理を行った上で再資源化施設へ引き渡す.

■ロータリーキルン式炉　横型の円筒状回転燃焼装置で，傾斜角度を変更することで炉内の滞留時間を調整できること，攪拌・混合能力に優れていること，輻射熱の供給による燃焼が維持できること等から，性状が不均一で燃焼性の悪い固形物の熱処理において高い能力を発揮する．単位処理量あたりの設備費もストーカ式燃焼炉に比べて安価である.

■ストーカ式炉　火格子と呼ばれる燃焼部位に，ごみを供給し，下から燃焼空気を吹き込み燃焼させながら，移動させていく機構を備えた装置である．廃棄物の燃焼においてもっとも歴史が長く，都市ごみ，産業廃棄物，下水汚泥等を対象に幅広く普及している．一般に廃棄物層として通気性があり，比較的発熱量の高い固形廃棄物の燃焼に適しているが，水分が多いものも，適度な混合と水分に見合う滞留時間の確保によって燃焼調整が可能なため，幅広いごみ質の燃焼に対応可能である.

表1　混合可燃物でリサイクルできるもの

種類	具体例	リサイクル用途
木材等	生木，柱材，角材，板材，ベニア板，パレット，フローリング材，枕木，化粧板，足場板，木製タンス，障子	製紙材料，パーティクルボード原料，バイオマス発電燃料，肥料
畳	本畳，スタイロ畳	セメント原燃料，バイオマス発電燃料
廃プラスチック類（塩ビ除く）	プラスチック屋根，プラスチック製家具	RPF原料，セメント原燃料
塩ビ管（継手）	塩ビ管および継手（付着がないものに限る）	再生塩ビ管原料

3-8 木質系廃棄物

石垣智基

木造家屋由来の木材，木製家具，庭木等，家庭から排出される木質系廃棄物や，倒壊街路樹，流木，流出林材等は，適正に分類することで，迅速な処理と再生利用の拡大が可能である．保管場所においては火災発生防止に考慮しつつ，多様な再生利用先に応じた選別・処理技術を選択する．

■木造家屋・建物由来の木材の排出

被災した家屋等の解体によって生じる廃棄物は，再生利用を促進し処分量を削減する観点から，排出時点で適切に分別することが求められる．木材についても同様であり，できる限り解体作業の時点で分別排出されることが望ましい．木造建屋由来の木材は，柱や梁に用いられた角材や長材，内装材やその他の建材，および破損した家具由来の部材等に区分することで，それぞれ適切な再生用途や処理方式を経ることができる．全壊家屋や狭小地等解体現場での分別が難しい場合は，混合状態でいったん一次仮置場へ搬出した上で，重機，選別機，ならびに手作業によって分別することになる．木材が混合したがれき類の保管の長期化は，発熱・火災発生のリスクが高いことから，仮置場での温度上昇や一酸化炭素のモニタリングを行いつつ，できる限りすみやかに分別処理を完了させる必要がある．延焼防止のための，仮置場の計画・運営については2-6を参照する．

木造家屋由来の木材や古い木製の電柱等には，防虫や腐朽防止のために有機系や重金属系の薬剤を添加されている可能性がある．排出源や由来に関する情報を伝達・共有するとともに，再生利用先を決定する前に検査をすることで，有害物質を含む材料の混入を防止し，円滑な再生利用の実施が可能となる．

■木製家具の排出

被災家屋の片付けによって排出される木製家具は，大きく破損し部材として排出されない限りは，粗大ごみに相当する分類での排出が一般的である．仮置場での重機による破砕は可能であるが，釘や留め金等の部品を除去する作業の手間等を考えると，ほかの木質系廃棄物と混合しての再生利用は現実的ではない．全国木材資源リサイクル協会連合会では，再生利用の観点から家具材を「NG品」として区分している．もちろん，解体重機・破砕機の容量に余裕があり，部品の除去が適切に行われれば，木材部分の再生利用は可能である．

■倒木の排出と流木の取り扱い

庭木や街路樹等の倒木は，再生利用材としての価値が高く，ほかの木質系廃棄物とは混合せずに保管することが望ましい．倒木は幹の断面積が大きい

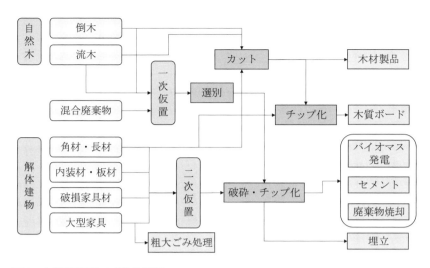

図1　木質系廃棄物の分類と処理フロー

ほど買値が高くなる．これは流木や流出林材についても同様であるが，津波や土砂災害の影響によって混合状態で発生した場合，土砂の付着や塩分の影響により前処理が必要であったり，再生利用用途から除外されることもある．なお，枝葉部分についてはカットしてチップ化するか可燃物として焼却する．

■ 木質系廃棄物のリサイクル

木造家屋・建物由来の柱材・角材や，幹断面積が大きく土砂や塩分の影響を受けていない倒木・流木等は，適切なサイズにカットしチップ化した上で木質ボードの原材料として活用される．木質ボードは，原料の加工方法や製品硬度に応じて，ハードボード（硬質繊維板），MDF（中密度繊維板），インシュレーションボード（軟質繊維板），およびパーティクルボードに分類されるが，いずれも使用する原料の形態や性状にはほとんど左右されないため，災害時の受入れが大きく期待される．ただし，品質維持の観点から，チップ化の時点でボード工場の確認・認証を必要とすることが一般的である．日本繊維板工業会の会員企業工場だけで全国に18工場があるが，地域によっては空白地帯もあることから，通常時（非災害時）から，工場側での受入れ可能量や災害時の処理・搬送計画について調整し，協力関係を築いておくことが重要である．

木質ボードとして利用されない木質系廃棄物は，熱利用の燃料としての利用を検討する．その場合も，まずチップ化した上で利用先に輸送されることになる．廃棄物施設の処理負担軽減と効率的なエネルギー回収の観点から，バイオマス発電施設の優先度が高いが，木質ボード工場と同様に，直近の施設までの距離や受入れ可能性には地域によるばらつきが大きい．セメント工場での原燃料利用は，災害廃棄物処理の有力な手段であるが，木質系廃棄物以外にも大量の廃棄物を受け入れることが想定されるため，適切に分別された木質系廃棄物は，できるかぎり木質系燃料専用の施設で利用されることが，災害廃棄物処理全体の円滑化の観点からは望ましい．

▐ 処理・処分

　リサイクルされない木質系廃棄物は，廃棄物処理施設で対応することとなる．すでにチップ化されたものや倒木・流木の枝葉類の焼却処理においては，エネルギー回収プロセスが付帯していることが望ましいが，一方で，処理施設を固定することで保管が長期化することは，火災のリスクを高めることから好ましくない．近隣処理施設の被災状況，災害廃棄物受け入れを加味した余剰能力，ならびに輸送距離を勘案し，すみやかな仮置場からの撤去を優先する．流木や混合物由来で，付着した土砂の除去が困難な木質系廃棄物は，焼却処理には不向きであり埋立処分されることになる．大型家具は粗大ごみとして取り扱い，解体・破砕の上で焼却もしくは再利用が図られる．有機系殺虫剤や，銅，クロム，ヒ素および水銀等を高濃度で含有する廃棄物は，保管時点で安全確保のための情報共有が求められるが，焼却に際しても同様の情報が伝達されることで，排ガスおよび焼却灰の取り扱いに関しても十分配慮し，新たな環境汚染源となることがないよう配慮する．

▐ 海水を被った木質系廃棄物の取り扱い

　津波や台風による浸水被害を受けた沿岸部地域で排出される木質系廃棄物は，塩分を含むため，再生利用先での懸念事項となる．木質ボード工場では製品品質管理の観点から基本的には受け入れられない．セメント工場では，普通セメント製品の規格（塩素濃度0.035%）を満たすため，セメント原料としての受け入れ基準を設定している（例えば0.2未満）．工場サイドで脱塩設備を設けている場合を除き，事前に塩分を除去することで受け入れ基準を満たすことは，多様な受け入れ先を確保し迅速な処理を推進する上で必須の作業である．塩分の大部分は表面から1cm程度内にとどまっており，表面から流水で洗い流すことで除去可能である．例えば河川に臨時の木場を設置して脱塩することはきわめて効率的である．東日本大震災時の宮城県南三陸処理区では二次仮置場に洗浄目的の専用プールを設置した例もある．降雨による洗浄を目的として野積みでの仮置きを実施する場合は，降雨のタイミングをよく見極めることのほか，塩水の土壌浸透を防止すること（ビニールシートの敷設もしくは港湾・沿岸部での場所選定），ならびに発熱・延焼防止のため重ね置きをしないこと等に留意する．

　バイオマス発電や廃棄物焼却施設においては，塩素を含む廃棄物の燃焼に伴う塩化水素やダイオキシン類の発生量増加が懸念される．通常の廃棄物焼却においては，プラスチックやタイヤチップ等の高熱量画分と塩分含有画分を選択的に混合して，高温での完全燃焼によりダイオキシン類の発生を抑制する運転が行われている．ただし，災害時には大量の廃棄物の迅速な処理が求められ，発生する廃棄物の性状も通常とは異なっているため，通常時に可能な燃焼制御にも制限が生じる．バイオマス発電の場合は原料が単一であることから燃焼制御がより困難であり，塩分の受け入れ基準はおおむね0.1%未満で設定されている．

3-9 津波堆積物（土砂）

浅利美鈴

> 津波や土砂災害の後，被災地に残された堆積物は，砂泥の他に，様々なものを巻き込んでいる．そのため，性状や組成にあった処理プロセスが必要である．とくに有害物や有機物等を含む場合，人の健康や生活環境への影響があるため，迅速な撤去が必要となる．ここでは，主に東日本大震災における津波堆積物処理および復興資材としての利活用等の概要を紹介する．

津波堆積物とは

　東日本大震災は，津波による被害が大きかったことが特徴の1つだが，中でも当初，関係者の頭を悩ませたのが津波堆積物への対応であった．被災地の至るところに，膨大な量の土砂・泥状物等（津波堆積物）が堆積しており，一部は陸上で様々なものを巻き込みながら押し寄せてきたため，紙くず，木くず，金属くず，コンクリートくず，廃プラスチック類等と混然一体となったもの，油類を含むもの，腐敗や乾燥により悪臭や粉じんの発生が懸念されるもの，農薬や酸・アルカリ等の有害な薬品等，有機物や有害な化学物質が混入している可能性があるもの等もあった．

　その発生量は，被災13県合計で災害廃棄物約2千万トンに対し，1千万トンと膨大であり，かつ，公衆衛生上や生活環境保全上の懸念が生じるものも含まれるため，災害廃棄物処理として重視された．

津波堆積物の処理フロー [6]

　津波堆積物は，とくに公衆衛生や生活環境保全上の懸念がある場合，迅速に撤去し，可能なものは有効利用を優先しつつ，有効利用できないものは適切な処理を行う必要がある．それを念頭に置いたフローが図1である．つまり，ゾーニングによるエリア区分（生活環境保全上のリスクの判断）を行い，その後の処理プロセスを判定していく．例えば，エリアⅠ（残骸等や有害物質等を含まない非汚染な砂礫類と考えられる地域）の場合，生活環境および人の健康への影響が懸念される化学物質等が含まれていない可能性があり，目視観察の結果により非汚染な砂礫類のみであれば，近場で需要があれば仮置場を経由せずに直接利用先に運搬してもよく，また，堆積場所の土地利用状況によっては，そのまま残置することも可能である．他方，エリアⅢ（有害な化学物質や危険物を含む可能性が高いと判断された地域）の場合，目視観察や現場スクリーニングをせずにそのまま仮置場に搬入して，化学分析を行い，結果に応じて浄化処理や熱処理等により無害化し，再利用等を図る．

仮置場に搬入する前の応急的対策

　津波堆積物を仮置場に搬入する前や集積中に，応急的に腐敗に伴う臭気や

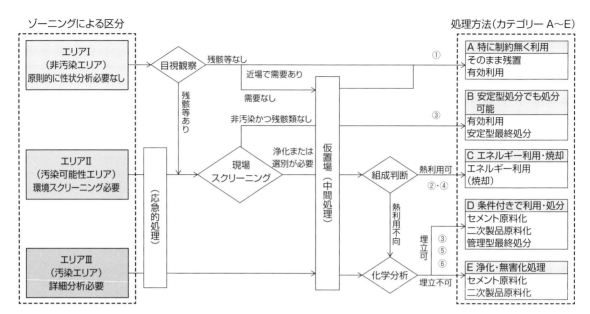

図1 津波堆積物の処理フロー

注1：組成・性状分類
①残骸等を含まず，清浄な砂礫等のみであるもの　②残骸等は含まないものの有機物を含むもの※
③残骸等を渾然一体として含むが有機物が含まれないもの　④残骸等を渾然一体として含むかつ有機物を含むもの
⑤事業所等が保有していた油類や薬品等が混入しているおそれがあるもの
⑥陸上等から供給され海底に堆積した有害な化学物質や有機物を含む可能性があるもの
※「有機物を含む」とは熱しゃく減量で概ね5％以上とする．なお，迅速な判断が必要な場合は，目視による観察，温度の計測，臭気の確認も有効である．

表1 津波堆積物の応急的対策に使える改質材の例 [30]

	アルカリ化（消毒）	臭気対策	泥状の場合：団粒化	粉じん発生抑制，加湿による団粒化	備考
消石灰	○ 過剰散布によるアンモニア臭の懸念あり		有効，ただし有機物多い場合アンモニア発生に注意		アンモニア大量発生を避けるため予備試験で添加量を決定
倒木をチップ化したもの		○	○		
紙シュレッダーくず		○	有効（吸水）		事務所，大学等で発生
ゼオライト		○ アンモニア臭除去（重金属吸着）			秋田，山形，福島，栃木県で産出（県，ゼオライト協会へ要問合）
おがくず		○	有効（吸水）		木材加工場等で発生
石粉			有効（吸水）		採石場等で発生
ペーパースラッジ炭			○		
石膏			○	○	予備試験必要（泥に対して数％；石炭灰と併用可）
普通セメント，高炉B種セメント，セメント系固化剤	○ 混合時にアンモニア臭の懸念あり	○	○	○	予備試験必要（泥1m³あたり50〜100kg）
製鋼スラグ	○ 過剰散布でアンモニア臭の懸念あり		○	○	鉄鋼スラグ協会が用意可能
石炭灰		○		○ セメントと併用	予備試験必要（泥1m³あたり400kg程度）

粉じん飛散の防止，団粒化等の対策が必要となる場合がある．その際，表1に例示した材料を現場の状況に合わせて人力やパワーショベル等の重機で混合する．いずれも予備試験を行い，混合状況やアンモニア発生等を確認しなが

ら，目的が達成できる配合割合を決める．なお，作業にあたっては，防じんマスクや防護メガネの着用等，適切な対策（3-4参照）をとる必要がある[30]．

■■ 復興資材としての利用

　東日本大震災で発生した大量の津波堆積物（約1千万トン）は，98%とほぼすべて再生利用された[16]．そのために，様々な検討が行われ，ガイドライン等として知見の整理が進められた．中でも「災害廃棄物から再生された復興資材の有効活用ガイドライン」[21]は，分別土砂に力点を置きつつ，地盤材料として用いられる再生資材全般を扱っており，津波のみならず，様々な災害時の対応に役立つ．構成（図2）からもわかるとおり，処理フローや留意点，具体的な用途・活用方法等について学ぶことができる．なお，ここでは，津波堆積土を復興資材❶と位置付け（図3）❷，その利用促進を主眼に置いている．

❶ 復興過程から生み出され，建設資材として，復興工事へ適切に利用されるべきもの

❷ 当ガイドラインによると「津波堆積土は自然発生の物であり，本来廃棄物等の概念には当てはまらないものである．ただし，被災地では災害廃棄物と混合した状態の「津波堆積物」が生じており，これを分別することによって分別土砂が生成される．〜中略〜（これらは）典型的な復興資材である．」とある．

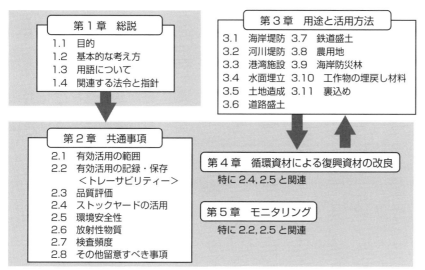

図2　「災害廃棄物から再生された復興資材の有効活用ガイドライン」の構成

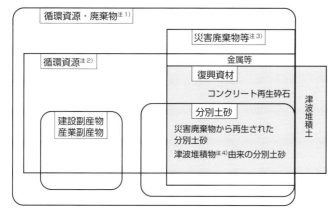

図3　復興資材の位置付け

注1）循環型社会形成推進基本法のいう「廃棄物等」と同義である．
注2）循環資源のうち，建設資材として利用可能なものを「循環資材」という．「循環資材」は，本ガイドラインで定義している．
注3）災害廃棄物および津波堆積物（注4）参照）をいう
注4）津波堆積物処理指針（http://www.env.gp.jp/jishin/attach/sisin110713.pdf）の定義による．

3-10 水産廃棄物

石垣智基

港湾や加工場で貯蔵されている水産物や養殖水産物等が，電力や物流の停止によって廃棄物となることがある．悪臭や感染症の拡大を防止するためには，通常はとられない緊急対策を実施することも短期的には必要である．

■ 水産廃棄物の排出

　災害で生じる水産廃棄物は，漁港等で一時的に保管されていた魚介類そのものと，水産加工場等の被災によって発生する加工品に大きく分けられる．いずれも腐敗に伴う悪臭および病害虫獣の発生に伴う感染症の拡大等，公衆衛生面の問題が懸念されるため，腐敗の状況と周辺住民への影響を考慮して，速やかな問題の除去が求められる．なお搬出に際しては，病原菌を含む血液等の飛散による感染を防止するための装備（厚手のゴム手袋，マスク，防護メガネ等）を装着する．水産廃棄物と密着した状態で発生するがれき類には腐敗液がこびりつき「悪臭がれき」と呼ばれる．これらは保管場所近くの海水や飲料利用されていないため池の水等で洗浄し，仮置場に搬出する．

■ 水産廃棄物の処理方法

　処理に関しては，なによりも腐敗物の現場からの除去（支障の除去）を優先する．近隣の焼却施設が運転中でピットに余裕があれば，順次仮置場から搬出する．焼却施設が利用できない場合は最終処分場への搬出を検討する．受け入れ上の問題や道路事情等で搬出が長期化する場合には，腐敗物の下部にブルーシートと段ボール等を敷設して腐敗液の浸透・拡散を防止するとともに，消石灰を散布して腐敗・悪臭の発生を抑制する．その上で，一時的な保管の方法として，土中埋設処分を検討する．粘土質の土中にブルーシートを敷設し，周囲に消石灰を散布したうえで埋設する．埋設範囲と深度を記録し，焼却施設あるいは最終処分場への搬入が可能になった時点で掘削し，搬出する．また，適切な土中埋設処分が困難な場合には，特例での海洋投入処分や，居住区から十分離れた沿岸部での野焼きも実施された事例がある．外洋での海洋投入の際は，漁網等で包み海水が浸入可能な状態で投棄する．

図1　災害発生直後に港湾で発生した水産廃棄物

3-11 漁網・漁具

石垣智基

> 漁網や漁具等は処理困難な廃棄物の一種であり，適正な処理には複雑なプロセスを要するため，平常時より効率的な処理体制の構築を図る必要がある．

災害時処理困難物について

　災害発生時に除去・搬出・処理に支障が生じる廃棄物については，災害時処理困難物として特段の対応が求められる．自治体には，災害時処理困難物の種類や発生量を予測し，処理が長期化しない体制を検討，災害廃棄物処理計画に位置付けることが求められている．具体的な品目は地域の土地利用，産業構造，災害の種別により異なるが，有害性，サイズ，素材，形状等により，迅速な処理ルートに乗りにくいものが該当する．例えば，津波や風水害で漂着・散乱するガスボンベや，消火器（3-20），家電（3-15,16）等排出者不明のもの，自動車（3-17），太陽光発電設備（3-23），船舶（3-19）等複合素材で構成されたもの，有害物混じり津波堆積物（3-9）等があげられる．こうした処理困難物の1つとして，漁網・漁具等があげられる．

漁網・漁具等の排出と処理

　津波や風水害により港湾や海岸域には大量の漁網・漁具等が漂着・散乱する．その流出源は，漁船，港湾の倉庫や作業場，漁場・養殖場等である．漁網・漁具，ロープ，養殖いかだの多くは，単一製品ではなく，多くの素材や製品と結合・複合し一体化している．その形状から，流出後に様々な自然物や人工物を捕捉して，より選別が困難となっていることが多い．また，沈子ロープ（水に沈むロープ）や，漁具を構成するおもりには，いまなお鉛が使用されていることが多く，処理におけるネックとなっている．

　漁網・漁具の代表的な処理方法を図1に示す．漁網や漁具はきわめて耐久性が高く，その処理方式や適正な処理業者を把握している漁業者は多くない．ほとんどの漁網や漁具は，切断・事故・災害による流出がない限りほとんど買い換えが起きず，平常時に廃棄物として排出されることはまれで，処理ルートが確立していないという実情もある．こうした背景をふまえて，近隣の自治体，漁協，産廃業者との連携により，漁網・漁具を災害時には一括して処理委託するなど調整をすすめる必要がある．

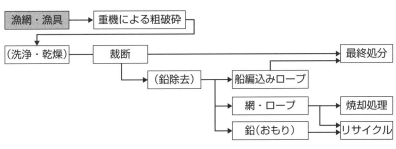

図1　漁網・漁具の処理フローの一例

3-12 コンクリートがら，アスファルト類，瓦

佐伯　孝

家屋の解体時に排出される基礎部分のコンクリートや屋根材の瓦は分別することで通常時のリサイクルルートでの処理が可能となる．各廃棄物のリサイクルや有効利用方法について紹介する．

■ コンクリートがら

　コンクリートがらの分類には，家屋の解体に伴い排出される基礎コンクリートを粗破砕したコンクリートの塊やブロック塀に使われていたコンクリートブロック，石垣の自然石等が含まれる．

　コンクリートの塊は，鉄筋の有無により破砕後の磁選処理に違いがあるが，基本的には，破砕処理をすることで建設資材としてリサイクルすることが可能である．コンクリートは，通常時において建設リサイクル法においてリサイクルされていることから，発災時に建設業の関係団体や産業廃棄物の団体と協力することで，すみやかにリサイクルルートに乗せることが可能である．コンクリートをリサイクルした再生砕石等建築資材は，災害からの復興時に非常に重要な資材となるが，再生砕石がつくられる時期とその再生砕石が資材として使われる時期にズレがあるため，処理施設に保管しておくことは場所の制約から難しく，製造した再生砕石を処理施設から運び出さないと新たにコンクリートを受け入れられない．これらのことから，民間事業者にコンクリートのリサイクルを委託する場合，製造した再生砕石等の建築資材を保管しておく場所の確保が重要となってくる（図1）．

■ アスファルト類

　アスファルトは，地震による割れや液状化等により被害を受けたアスファルト舗装の道路等の復旧工事によって排出される．アスファルトもコンクリートがらと同様に破砕することで再生骨材としてリサイクルされる．再生骨材は，劣化して硬くなったアスファルトが付着しているため，再生用添加剤を添加し，新しい骨材とアスファルトとともに混合することで再生アスファルト混合物として販売される．上記のリサイクルの流れは普段のアスファルトのリサイクルであるため，民間事業者との連携により効率的なリサイクルが可能となる．再生骨材はコンクリートをリサイクルした再生砕石と同様に保管場所の確保が重要となってくる．アスファルトの破砕・再生を行う施設とコンクリートや自然石の破砕を行う施設は異なることから，仮置場では分けて保管することが必要である．

■ 瓦

　瓦には，粘土瓦とセメント瓦がある．セメント瓦は，セメントを主原料として成形，表面処理をしてつくられた瓦であるため，破砕しセメント原材料

としてリサイクルが可能である.

粘土瓦には，成形した瓦に釉薬をかけて焼き上げた釉薬瓦，瓦を燻して炭素皮膜を形成したいぶし瓦，釉薬をかけずに焼き上げた無釉瓦がある. それぞれの瓦で表面の色が異なることから，景観舗装骨材等にリサイクルする場合には，どの種類の粘土瓦なのか，色味によってさらなる分別が必要となる. 道路等の下層に用いる下層路盤材にリサイクルする場合には異物の除去のみでリサイクル可能である.

路盤材以外のリサイクル方法として，廃瓦と砂に特殊バインダーを添加して混合することで透水性を有した舗装材や瓦を細かく破砕することで山砂等の代替品としての使用があげられる. このほかにも各道府県においてリサイクル製品認定制度を運用している場合，瓦を用いたリサイクル製品が掲載されているため，確認しておくと迅速な瓦のリサイクルが実現する.

瓦についても，コンクリート，アスファルトと同様に保管場所の確保や仮置場では分けて保管することが重要となってくる（図2）.

■ 自然石

自然石は，東日本大震災では，各地で大谷石が多く排出された. 自然石もコンクリートの塊と同じように，破砕することで建築資材として利用することが可能であるが，コンクリートの破砕を行う施設と自然石の破砕を行う施設が異なることから，仮置場では分けて保管することが重要となってくる.

図1 集められたコンクリートがら（奥）と自然石（手前）（熊本県益城町の仮置場，2016年9月撮影）

図2 集められた瓦（熊本県益城町の仮置場，2016年9月撮影）

3-13 畳

石垣智基

家屋より排出する畳は，年代によって材料が異なり，分別・選別時に注意が必要である．また，複合素材で構成されることから，処理が困難な廃棄物の一種である．排出・保管時においてはほかの廃棄物と混合せず，適切にリサイクルの方法を模索することが重要である．

■ 廃畳の排出状況

　廃畳が排出されるのは，水害や土砂災害等で家屋が浸水した状況が想定される．古い畳は，芯材に稲わらを圧縮させた「畳床」を利用しているため，水分を吸うと重くなり，かつ腐敗しやすくなる．現在流通している畳のほとんどは，芯材に木質系繊維板とポリスチレンフォームを組み合わせているため，浸水しても古い畳に比べると軽く腐敗はしにくい．ただし，複合素材で構成されている製品であり，処理が困難であることには違いがない．発熱し自然発火すると延焼する可能性が高い品目であることから，排出時点で適切に分別するとともに，仮置場ではできる限りほかの廃棄物とは混合せずに保管する（図1）．保管時に自然乾燥させるスペースがあると，その後の取り扱い性が大きく向上する．

■ 処理・処分

　畳はサイズが大きく，重量感もあることから，破砕・裁断し，小型化してから仮置場より搬出する．目安は焼却炉入口より投入可能なサイズ（畳の半分あるいは四分の一程度）であるが，これにより車両への積み込み性，輸送効率を高めることもできる．

　リサイクル用途はそれほど多くないが，さらに細かく裁断した上での固形燃料（RPF）化であれば，芯材の材料に左右されずに利用できる．ただし，含水率が高いと受け入れ可能性や価格に影響を与える．畳の状態での有効利用方法としては，最終処分場での遮水シートの保護材料としての活用があげられる．重機との接触による遮水シートの破損を防止するために，処分場の埋立作業エリアに畳を並べることが有効である．これは災害時以外でも実施されている処分場の維持管理の方法のひとつであるが，災害時には処分場への搬入量が増加することも想定されるため，保護対象となる埋立区画の拡大に対応して活用することができる．

図1　仮置場にて分別して保管されている畳

3-14 タイヤ類

石垣智基

> 災害で発生する廃タイヤは，リサイクルが滞ると，仮置場を広範囲に長期間占有することになる．保管時の適正な管理によって火災等の被害拡大を未然に防止するとともに，復興状況をふまえてリサイクルや処理・処分を推進する．

廃タイヤの排出と保管

　津波や豪雨水害で被災した自動車修理工場・タイヤ販売店から流出したタイヤや，被災して廃車となった自動車由来のタイヤが災害時に問題となる．

　流出タイヤの大部分はがれき類とともに回収されて仮置場に搬入されるため，土砂等が付着していることが一般的である．土砂や泥の付着が著しいものは洗浄が必要となるため，比較的きれいなものとは区分しておく．被災自動車由来のタイヤは，ホイールの付いた状態で仮置場に搬入されるが，ホイールは有価物として販売できるため，取り除いた上でタイヤのみ個別に保管する．ホイールをはずす作業の際には，タイヤチェンジャー（手動式または自動式）を用いる．

　タイヤは化学的には変化を受けにくく安定であるが，火災で延焼した場合には，激しく黒煙を上げながら燃えることから，適切に分別した上で可燃性の廃棄物からは距離を置いて個別に保管する．また，中空構造でかさばることから，仮置場で設置場所を長期間占有しないよう，順次リサイクルまたは処理・処分のプロセスへと搬出していくことが望まれる．

リサイクルと処理・処分

　被災自動車由来のタイヤは，自動車リサイクル法のルートで適切に処理をする（3-17参照）．通常時には，タイヤの形態でのリユース（輸出等），路盤材等に加工してのリサイクル，ならびにチップ化しての燃料利用等がなされているが，被災直後は引き取り業者も含めてリサイクルルートの混乱が想定されるため，一定の期間，被災自動車が二次汚染源とならないよう適切に管理することが求められる．

　流出タイヤのうち，汚れていないものは，そのまま破砕してリサイクル（燃料利用）に回される．受け入れ業者の基準を満たすよう，必要に応じてチップ化まで行うこともある．土砂・泥の付着が著しいものは，洗浄やエアー吹き等をした上で同様の処理を行う．なんらかの原因で燃えてしまったタイヤの燃え残りは，受け入れ基準を満たさないことがほとんどであるため，搬出しやすいサイズにカットした上で焼却処理に搬出する．焼却処理等において燃焼制御が必要な場合（3-7参照）には，タイヤチップを高熱量画分として組み合わせて焼却炉に投入する等して災害廃棄物の包括的な適正処理に活用することができる．

3-15 家電リサイクル法対象製品

鈴木慎也

家電リサイクル法対象製品については，災害廃棄物の中からできるだけ家電リサイクル法対象品目を分別し，仮置場にて保管する．リサイクルが見込める場合には指定引き取り場所に搬入する．できるだけ処理を急がない．

■ 基本的事項

家電リサイクル法[1]対象製品（テレビ，エアコン，冷蔵庫・冷凍庫，洗濯機・乾燥機）については，原則としてリサイクル可能なものは家電リサイクル法ルートでリサイクルを行う．また，中には退蔵品の便乗廃棄と思われる著しく年数の経過したテレビ等が持ち込まれる可能性もある．まず搬入時の受け入れ監視体制を強化することが求められる．

災害廃棄物からの分別については家電リサイクル法上の義務ではないが，処理に際しては廃棄物処理法に基づいて一定のリサイクルを実施する義務がある．さらに冷蔵庫・冷凍庫およびエアコンについては，同法においてはメーカーでの冷媒フロンの回収・処理も義務付けられている．

■ 処理フロー

分別が可能な場合は，災害廃棄物の中から可能な範囲で家電リサイクル法対象製品を分別し，仮置場にて保管する（図1）．破損・腐食の程度等を勘案し，リサイクル可能か否かを自治体が判断し，リサイクルが見込める場合，家電量販店もしくは指定引取場所に搬入する．家電リサイクルは，メーカー別にA，Bグループに分かれてそれぞれ処理を行っている．リサイクル可能か判断困難な場合は，家電製品協会に連絡することになっている．

家電リサイクル法対象品目は，かさが大きく，複合素材からなるため適正処理が難しい．緊急性がなければ，あるいは保管が可能であれば，可能な限り既存の家電リサイクル法のルートに乗せることが望ましい．

STEP1　仮置場への集積

A，Bグループ別の工場で処理することを前提に，仮置場ではそれぞれのグループ別に分けておく．どちらかわからない場合も別に分けておく．さらに品目別に分けることになるため，少なくとも3グループ×4品目に分別す

■家電リサイクル法　正式名称は特定家庭用機器再商品化法．新規事業としての経済性，小売業者や市区町村の効率性を考慮し，製造業者等をA・Bの2グループに集約し，全国で対象機器廃棄物（テレビ，エアコン，冷蔵庫・冷凍庫，洗濯機・乾燥機）の回収および再商品化等を行う．

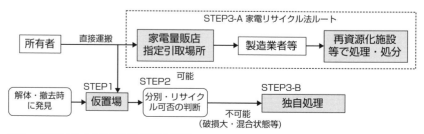

図1　家電リサイクル法対象製品の処理フロー

ることになり，適切な保管スペースを確保することが求められる．ただし重機でつぶさないように注意する．

STEP2　分別・リサイクル可否の判断

家電製品協会を通じ，各グループの担当者と連絡を取る．リサイクル不可能なものは，一般廃棄物としての処理となるが，それ以外は破損・汚損状況によらず引き取られる．リサイクル可能なものでも，汚損がないか確認する．水害や津波等のケースで，汚損しているような状況でも，そのまま引き取ってくれる場合もある．そのような場合には指定引取場所あるいはリサイクル工場で洗浄処理がなされる．

STEP3-A　家電リサイクル法のルートに則って処理

従来の回収ルートが利用可能な場合，家電量販店での引き取り，もしくは指定引取場所へ搬送する．対象外の製品のもあるため，引取可能かを事前に確認する．各地域の指定引取場所については，家電製品協会家電リサイクル券センターに詳細情報がある．市町村が家電メーカーに引き渡した場合に発生するリサイクル費用は市町村負担であるが，国庫補助の対象となる．

被災により，指定引取場所が機能していない場合は，仮置場にて余裕があれば保管し，復旧を待つか，ほかの地域の指定引取場所へ輸送，もしくはグループによってはメーカーが直接引き取るケースもある．自治体担当者は，家電製品協会へ問い合わせ，各グループの担当者に相談する．

■ ほかの廃棄物からの分別が困難，あるいはリサイクルの可能性がない場合

STEP3-B　独自処理

最終的にメーカーが引き取らないと判断した場合は，被災自治体が独自処理せざるを得ないが極力避けるべきである（図2）．

■ 独自処理における留意点

冷蔵庫・冷凍庫およびエアコンについては，冷媒フロンの抜き取りが必要であり，専門業者（認定冷媒回収事業所）に依頼する必要がある．家電リサイクル法対象製品の破砕処理を有効に進めるにあたっての有効な前処理を表1に示す．

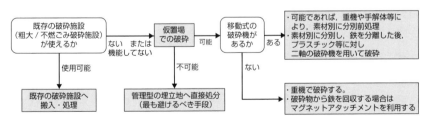

図2　リサイクルが見込めない場合の処理方法

表1　家電リサイクル法対象製品の破砕処理を有効に進めるための前処理

エアコン	・コンプレッサーは硬く，破砕困難なため取り外す ・熱交換器は銅とアルミ製のため，取り外してリサイクル可能である
冷蔵庫	・コンプレッサーは硬く，破砕困難なため取り外す ・内部に食品等が残っている可能性があるので取り除く
洗濯機	・モーターは硬く，破砕困難なため取り外す ・ステンレス槽も可能であれば分離，資源化する ・可能であれば洗濯槽上部バランサー中の塩水抜きをする

3-16 その他の家電製品（PCを含む）

鈴木慎也

家電リサイクル法対象製品以外の家電製品についても，分別が可能な場合は，可能な範囲で分別し，一次仮置場にて保管する．家電製品には有害・危険物が含まれる可能性があること，おもいでの品に該当する可能性もあることを考慮しておく．

■ 想定される家電製品

いわゆる小型家電に分類されるものがほとんどで，有価物として流通するリサイクルルートが存在する可能性がある（表1）．

なお，家電製品に使われている電池や蛍光灯，コンデンサ等は，燃料タンクやカセットコンロ等とともに「有害・危険製品」として取り扱うことが求められる（3-20参照）．

■ 処理フロー

PCについては，「被災したパソコンの処理について」[13] も参照しつつ，各自治体等における対応を検討する（図1）．

STEP1　撤去・解体現場における分別・収集

比較的小さなものが多く，その他の廃棄物と混ざりやすいので，できるだけ早い段階で分別を行う必要がある．被災建築物等の撤去・解体時に分別を

❶パソコン3R推進協会によるリサイクルシステム　パソコン3R推進協会では，「資源の有効な利用の促進に関する法律」に基づき，製造メーカーや輸入販売事業者とともにパソコンおよびパソコン用ディスプレーの3R（リデュース，リユース，リサイクル）が促進されている．PCリサイクルマークのないパソコン，倒産メーカーのパソコン，事業撤退したメーカーのパソコン，自作パソコン等でも，有償で回収・再資源化を行っている．

❷モバイル・リサイクル・ネットワークによるリサイクルシステム　使用済み携帯電話・PHS等の回収・再資源化を促進するための取り組みである．携帯電話のキャリアショップや家電量販店等ではこのネットワークに参加しており，メーカーやキャリアを問わずに携帯電話や充電器，バッテリーを無償回収する．

表1 想定される家電製品とそのリサイクルルート

	想定される家電瀬品	リサイクルルート
パソコン	デスクトップPC，ノートPC，液晶ディスプレイ	パソコン3R推進協会によるリサイクルシステムあり❶
携帯電話・スマートフォン	充電器を含む	モバイル・リサイクル・ネットワークによるリサイクルシステムあり❷
小型家電	ビデオカメラ，デジタルカメラ，小型ゲーム機等	小型家電リサイクル法❸に基づく国の認定事業者に渡す．小型家電再資源化マーク❹で確認する．
その他（家庭および事業者等からの排出）	電子レンジ，炊飯器，電気ポット，掃除機，扇風機，ビデオデッキ，DVD，オーディオ機器，モニター，ネットワーク機器，プリンター，コピー機，ドライヤー，アイロン，電気スタンド，空気清浄機，ファンヒーター，トースター	

図1 その他の家電製品（PCを含む）の処理フロー

行い，仮置場へ搬出するよう心がける．「おもいでの品」として配慮が必要なものは，PC，携帯電話，デジカメ・ビデオ，HDD等，写真や動画を撮影したり，保存ができるものが大半である．「おもいでの品」に該当する家電製品類のうち，電源が入るものについては所定保管場所において一定期間保管する．

STEP2 仮置場における選別・保管・破砕

撤去・解体現場から仮置場へ搬出された家電製品からリサイクル可能な製品を選別する．リサイクルが見込めない家電製品やニッケル電池，カセットコンロ等の危険・有害廃棄物は，別途区分して保管する．蛍光灯の安定器やコンデンサの中にはPCB含有のものがあり，廃棄物処理法の保管基準にしたがって保管する必要がある．また，リチウムイオン電池にも発火の危険性があることを無視できないことに加え，家庭用電話機の子機・コードレス掃除機等リチウムイオン内蔵の家電製品もあるため，取り扱いには十分注意する．以上をふまえれば，リサイクルの可否に関わらず，できる限り家電製品の分別を進めることが求められる．リサイクル不可能な家電製品は破砕し，金属類を回収後，焼却する．

STEP3 再資源化または処理

PCおよび携帯電話，小型家電等については，可能な限りリサイクルルートを活用する．ただし，状態によっては既存のリサイクルシステムによる処理が困難な場合が出てくると予測される．処理業者によって処理可能な家電製品の状態（破壊程度，塩水含有率，木くずや汚泥等の混在量等）が異なるため，排出・分別された家電製品の情報を処理業者と共有することが有効である．PCリサイクルマーク**5**のないものについては，市町村がパソコン3R推進協会に引き渡した場合に発生するリサイクル費用（リサイクル料金を含む）は市町村負担であるが，国庫補助の対象となる．リサイクルせずに廃棄物として処理する場合でも，PCのHDD等に保存されているデータについては，データ破損が前提であり，その確認作業のための時間と労力は必要となる．したがって，まずリサイクルできるかどうかを検討することが望ましい．

3 小型家電リサイクル法 資源の有効利用と環境汚染防止のため，2013年4月に施行された法律で，正式名称は「使用済小型電子機器等の再資源化の促進に関する法律」．施行令の28分類に含まれるものが対象となるため，使用済みとなった小型家電のほぼすべての品目が対象となる．

4 小型家電再資源化マーク 小型家電リサイクル法に基づき大臣認定を受けた事業者であること，または小型家電の分別収集を行う市町村であることを示すマーク．

5 PCリサイクルマーク 2003年10月以降に販売された家庭向けパソコンに貼付されている．このマークの付いた家庭向けパソコンは，家庭から廃棄する際には無償で回収される．事業所で使用されたパソコンの場合には，PCリサイクルマークの有無にかかわらず，原則として回収資源化料金がかかる．

3-17 自動車

石垣智基

被災した自動車は，所有者の意思確認ができるまで保管する必要がある．保管場所での環境保全対策や，作業者の二次被害の防止策を講じつつ，自動車リサイクルルートへの引き継ぎを円滑に行う．

■ 被災自動車の排出

　津波，水害，土石流で流された自動車は，復興の妨げとなるため一時的に保管場所に移動させる必要があるが，所有者の引き取り意思の確認なしにリサイクルや処理・処分を進めることはできない．災害や避難の状況に応じて，所有者への連絡が困難なこともあり，保管期間の長期化が想定される．所有者不明のため確認が取れない場合，6か月の公示期間を経て所有権が市町村に移転し（災害対策基本法第六十四条の6），その上で実質的な処理が開始できる．オイルやバッテリー液の漏れによる二次汚染を考慮して，水源からの距離，保管区域の舗装状況等，適切な保管場所を選定し，できる限り速やかな処理を実施する．所有者が廃棄の意思を示した場合は，自動車リサイクル法の処理ルートに従って，引取業者（整備業者・販売店等）に引き渡される[1]．家屋の倒壊や火山灰による損傷で被災した自動車については，所有者により直接業者に引き渡すことが望ましいが，災害規模，自治体の準備状況，廃棄物の処理状況に応じて被災自動車の保管場所が提供される場合もある．

■ 保管時の留意点

　流された自動車は基本的にエンジンが冠水しており，自走できないものと判断し，レッカー車もしくは事故車両用の積載車で搬出する．保管場所ではまず，ナンバープレートの有無である程度保管エリアを区分する．保管時の高さは，平常時と同様の方法に準ずる[2]．電気系統のショートを防ぐために，バッテリーのマイナス端子を外しておく．オイル，ガソリン，バッテリー液が明らかに漏れている場合は，業者に依頼して優先的に内部の液体を抜き取るが，冠水した配管の劣化に伴っていずれ漏れはじめることが容易に想定される．保管の長期化が見込まれる場合は，順次同様の作業を実施することが望ましい．電気自動車やハイブリッド車の高電圧駆動用バッテリー周りには触れずに，作業者には絶縁防具や防護具の着用を徹底する．問題が目視確認される場合は整備・販売業者に連絡する．

[1]　自動車リサイクル法における指定法人である公益財団法人自動車リサイクル促進センターは，「被災自動車の処理に係る手引書・事例集（自治体担当者向け）」を提供している．

[2]　囲いから3m以内は高さ3mまで，その内側では高さ4.5mまで，大型自動車は原則平積みとする．

3-18 バイク

石垣智基

> 被災したバイクは，所有者の意思確認ができるまで保管が必要である．またバイクのリサイクルは業界の自主的取り組みであり，災害発生後に円滑なリサイクルが可能になるまで長期化することも考えられる．

■ 被災したバイクの搬出

　津波，水害，土石流で流されたバイクは，自動車の場合と同様に，所有者の引き取り意思が確認できるまで処理を進めることができない．所有者不明で確認が取れない場合，6か月の公示期間を経て所有権が移転するのも自動車と同様であり，長期的な保管計画が必要となる．所有者が廃棄の意思を示した場合は，自動車リサイクル促進センターの二輪車リサイクルシステムを活用して，引取業者（廃棄二輪車取扱店・指定引取窓口）に引き取り要請をする．二輪車積載車を用いて搬出する．

■ 保管時の留意点

　保管場所では，所有者確認を円滑に行うため，排気量250 cc以上，125 cc以上250 cc未満，50〜125 ccに区分して保管する．それぞれの区分ごとの問い合わせ先（表1）に所有者の照会を行う．電気系統のショートを防ぐために，バッテリーのマイナス端子を外しておく．流されたバイクだけでなく，地震，火山の噴火，風害によって転倒したバイクは著しく破損しており，オイル類の漏出可能性が高いことから，二次的な環境汚染を防止するため，保管区域にブルーシートを敷設するとともに，計画的なオイル・燃料の抜き取りを業者に依頼する．販売台数は多くないが電気二輪車やハイブリッド車も普及し始めているため，高電圧駆動用バッテリー周りには触れずに，搬出時の作業員にも絶縁防具や防護具の着用を徹底する．

表1　所有者の問い合わせ先

排気量	ナンバープレート	問い合わせ先
50 cc以上125 cc未満	市区町村名が記載 50 cc未満：白，90 cc未満：黄，125 cc未満：ピンク	ナンバープレート記載の市町村の税務関係部局
125 cc以上250 cc未満	運輸支局（陸運局）名が記載，縁が白枠	ナンバープレート記載の運輸支局
250 cc以上	運輸支局（陸運局）名が記載．縁が緑枠	ナンバープレート記載の運輸支局

3-19 船舶

石垣智基

被災した船舶は，港湾内や打ち上げられた陸上において復旧・復興の阻害となるため，すみやかな搬出と適切な処理が求められる．

被災船舶の排出

被災船舶は，船体が大破し，明らかに航行ができない状態であったり，津波等で陸に打ち上げられ，撤去しないとインフラの復旧や住居の解体に重大な支障がある場合には，すみやかに処理・処分をすすめることができる．しかし，修理により航行能力を回復することが見込まれる場合は，所有者の意思を確認した上で方針を決定する必要がある．船舶情報の照会先は，漁船は都道府県の農林水産部局，20トン未満の小型船舶は日本船舶審査機構，大型船舶は国土交通省海事局であり，照会の際に必要な情報は船舶に記された船舶番号（検査済番号），信号符字，漁船登録番号，船名，船籍港である．

大型船の搬出にあたっては，岸壁に打ち上げられている場合にはクレーン船で移動するが，災害時に稼働可能なクレーン船が不足する場合や，内陸に打ち上げられたものについては，現場で切断等により運搬可能なサイズにしてから搬出する．小型船の場合，クレーン付きトラックで運搬する．いずれの場合も，オイルや有害物質の流出がないよう必要な措置を講じる．

FRP**❶**船については，船内の残置物（生活用品，漁具類，燃料・薬品類）を取り除いた上で，日本マリン事業協会の「FRP船リサイクルシステム」による処理を行う．その場合，同協会の登録販売店または指定引取場所に引き渡す．

被災船舶の処理

被災船舶の解体にあたっては，事前に船内の残置物や船舶に付着した貝殻や海藻を除去する．老朽船の場合，船内にアスベストやPCB（ポリ塩化ビフェニル）等有害物が使用されている可能性がある．解体前に確認の上，発見された場合は，法令を遵守して撤去作業を行う．石綿の使用部位や除去・取り外し作業の詳細については「船舶における適正なアスベストの取り扱いに関するマニュアル」[27]を参照する．

解体作業にあたっては，処理を安全に行うため，最初にエンジンや燃料タンクを除去する．タンクから燃料を抜く際は漏洩のないよう，船体の向きを正してから吸引作業を行う．続いて重機を用いて船体を解体するが，資源として回収可能なものが多く含まれていることから，鉄，非鉄金属，木，FRP，混合可燃物，不燃物等に分別・選別した上で，適切な資源化・処理ルートに乗せる必要がある．FRP船については，指定引取場所で粗破砕後，委託中間処理施設で破砕され，最終的にセメント工場でセメント原燃料としてリサイクルされるのが一般的である．

❶FRP　繊維強化プラスチック（fiber reinforced plastics）のこと．エポキシ樹脂やフェノール樹脂等にガラス繊維や炭素繊維等の繊維を複合して強度を向上させている．リサイクルにあたっては注意を要する．

3-20 有害・危険製品

鈴木慎也

有害性・危険性がある廃棄物のうち，産業廃棄物（特別管理産業廃棄物を含む）に該当するものは，事業者の責任において処理することを原則とし，一般廃棄物に該当するものは，排出に関する優先順位や適切な処理方法等について住民やボランティア等に広報するものとする．業者引取ルートの整備等の対策を講じ，適正処理を推進することが重要であり，関連業者へ協力要請を行う．

処理フロー

有害・危険製品の処理フローを図1に示す．

STEP1　収集先の確認

発生物の収集ルートが機能している場合には，各指定引取先または受入先での回収を依頼し，すみやかに処理・リサイクルを行う．発生物の収集ルートが機能していない場合は，仮置場で一時保管し指定引取先の復旧を待つか，ほかの指定引取先へ転送し，処理・リサイクルを行う．

STEP2　仮置場における保管

市町村が回収・処分しているところでは，当該市町村の平常時の機能が回復するまで，または地域共同で回収処分する体制が確立しているところでは，当該システムが機能するまで保管する．仮置場を新たな指定引取場所とし，運搬・処理業者と直接やり取りすることで，すみやかに処理・リサイクルを行う方法も考えられる．

収集・処理方法等の具体例

有害・危険製品の収集・処理方法の一例を表1に示す．有害性物質を含むもの，危険性があるもの，感染性廃棄物等が雑多に排出されるが，それぞれ処理方法が異なるため，まず分別をすることが基本である．

また，有害・危険製品の注意事項の一例を表2に示す．

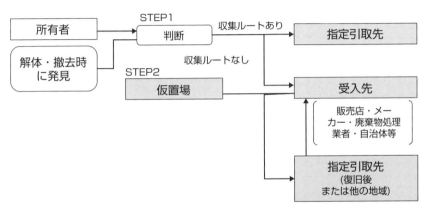

図1　有害・危険製品の処理フロー

表1 対象とする有害・危険製品の収集・処理方法の一例

区分	項目		収集方法	処理方法
有害性物質を含むもの	廃農薬，殺虫剤，その他薬品（家庭薬品ではないもの）		販売店，メーカーに回収依頼／廃棄物処理許可者に回収・処理依頼	中和，焼却
	塗料，ペンキ			焼却
	廃電池類	密閉型ニッケル・カドミウム蓄電池（ニッカド電池），ニッケル水素電池，リチウムイオン電池	リサイクル協力店の回収（箱）へ	破砕，選別，リサイクル
		ボタン電池	電器店等の回収（箱）へ	
		カーバッテリー	リサイクルを実施しているカー用品店，ガソリンスタンドへ	破砕，選別，リサイクル（金属回収）
	廃蛍光灯		回収（リサイクル）を行っている事業者へ	破砕，選別，リサイクル（カレット，水銀回収）
危険性があるもの	灯油，ガソリン，エンジンオイル		購入店，ガソリンスタンドへ	焼却，リサイクル
	有機溶剤（シンナー等）		販売店，メーカーに回収依頼／廃棄物処理許可者に回収・処理依頼	焼却
	ガスボンベ		引取販売店への返却依頼	再利用，リサイクル
	カセットボンベ，スプレー缶		使い切ってから排出する場合は，穴をあけて燃えないごみとして排出	破砕
	消火器		購入店，メーカー，廃棄物処理許可者に依頼	破砕，選別，リサイクル
感染性廃棄物（家庭）	使用済み注射器針，使い捨て注射器等		地域によって自治体で有害ごみとして収集，指定医療機関での回収（使用済み注射器針回収薬局等）	焼却・溶融，埋立

表2 有害・危険製品の注意事項の一例

種類	注意事項
農薬	・容器の移し替え，中身の取り出しをせず，許可のある産業廃棄物業者または回収を行っている市町村以外には廃棄しない． ・毒物または劇物の場合は，毒物及び劇物取締法により，保管・運搬を含め事業者登録が必要となり，廃棄方法も品目ごとに定められている． ・指定品目を一定以上含むものや，強酸・強アルカリに類するものは特別管理産業廃棄物に区分されることがある．
塗料・ペンキ	・産業廃棄物の場合は，許可のある産業廃棄物処理業者に処理を委託する． ・一般廃棄物の場合は，少量なので中身を新聞等に取り出し固化させてから可燃ごみとして処理し，容器は金属ごみまたはプラスチックごみとして処理する． ・エアゾール容器は，穴をあけずに中身を抜いてから容器を金属ごみまたはプラスチックごみとして処理する．
廃電池類	・仮置場で分別保管し，平常時の回収ルートに乗せる． ・水銀を含むボタン電池等は，容器を指定して保管し，回収ルートが確立するまで保管する． ・リチウムイオン電池は発火の恐れがあるので取り扱いに注意を要する．
廃蛍光灯	・仮置場で分別保管し，平常時の回収ルートに乗せる． ・破損しないようドラム缶等で保管する．
高圧ガスボンベ	・流失ボンベは不用意に扱わず，関係団体に連絡する． ・所有者が分かる場合は所有者に返還し，不明の場合は仮置場で一時保管する．
カセットボンベ・スプレー缶	・内部にガスが残存しているものは，メーカーの注意書きに従うなど安全な場所および方法でガス抜き作業を行う． ・完全にガスを出し切ったものは金属くずとしてリサイクルに回す．
消火器	・仮置場で分別保管し，日本消火器工業会のリサイクルシステムルートに処理を委託する． ※ 特定窓口，指定引取場所の紹介：消火器リサイクル推進センター

3-21 アスベスト（石綿）

鈴木慎也

> 地震または津波により被災した建物等は，解体または撤去前に事前調査を行い，飛散性アスベスト（廃石綿等）または非飛散性アスベスト（石綿含有廃棄物）が発見された場合は，災害廃棄物にアスベストが混入しないよう適切に除去を行い，アスベスト廃棄物として適正に処分する．アスベスト廃棄物は，建材以外にも船舶等（例えば大型漁船のボイラー室や煙突等）にも使われていることがあるため注意が必要である．解体・撤去および仮置場における破砕処理現場周辺作業では，アスベスト曝露防止のために適切なマスクを着用し，散水等を適宜行う．

■ 処理フロー

事前調査およびアスベスト廃棄物が発見された場合の処理フローを図1に示す．

STEP1

事前調査において注意すべき箇所を表1に示す．アスベスト含有建材と使用時期等については，文献[17]が参考になる．建材の種類によって異なるが，製造時期は1930〜2004年までわたっており，災害廃棄物には高い確率でアスベスト廃棄物が含まれていると考えたほうがよい．目視・設計図書等および維持管理記録により調査するが，判断できない場合はアスベストの測定分析を行う．確認できたアスベストは，ラベル等の掲示によって，後で解

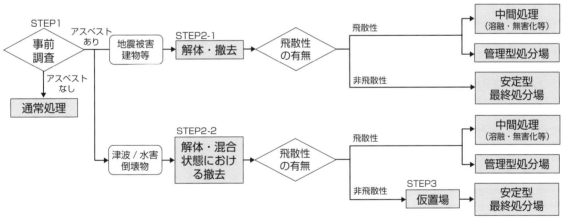

図1 アスベスト廃棄物の処理フロー

表1 アスベストの事前調査に関する要注意箇所

木造	・寒冷地では，結露の防止等の目的で吹付け材使用の可能性があるため，木材建築物においては，「浴室」「台所」および「煙突まわり」を確認する．
S造	・耐火被覆の確認を行う． ・設計図書等による判断においてアスベストの不使用が確認されない場合，耐火被覆が施工されていれば鉄骨全面に施工されているはずなので，棒等を使用して安全に配慮して試料採取・分析確認を行う．
S造およびRC造	・機械室（エレベーター含む），ボイラー室，空調機室，電気室等に，吸音等の目的で，アスベスト含有吹付けの施工の可能性が高いので確認する．
建築設備	・空調機・温水等の配管，煙突等の保温材・ライニング等について可能な範囲で把握する．

体作業等の際に判断できるようにする．事業者等は，事前調査結果に基づき，アスベスト対策等を盛り込んだ作業計画書を作成し，届け出の対象である場合には，平常時と同様，法令の定めに従って届け出を行う．事前調査は，石綿作業主任者やアスベスト診断士等，石綿の調査診断に関する知識を有した者が行うことが望ましい．

STEP2-1

建築物等の解体作業等にあたっては，具体的なマニュアルが多数示されている（表2）．除去後の飛散性アスベスト（廃石綿等）は，固形化等の措置を講じた後，耐水性の材料で二重梱包等を行い，法律で定められる必要事項を表示の上，ほかの廃棄物と混合しないよう分別保管する．また運搬を行う際には，仮置場を経由せず直接処分場へほかのものと区分して分別収集・運搬する．非飛散性アスベスト（成形板等の石綿含有廃棄物）は，解体の際にできるだけ破砕しないよう手ばらしで除去する．

アスベスト廃棄物（廃石綿等および石綿含有廃棄物）は，ほかの廃棄物と混ざらないよう分別し，特別管理産業廃棄物もしくは産業廃棄物に係る保管の基準に従い，生活環境保全上支障のないように保管しなければならない．アスベスト廃棄物の収集運搬を行う場合は，飛散防止のため，パッカー車およびプレスパッカー車への投入を行わないようにする．

STEP2-2

自治体（大気汚染防止法所管部署および廃棄物対策担当部署等）は，津波や水害被害があった地域について，可能な範囲で，発生した混合廃棄物の中に吹付けアスベスト，アスベスト含有断熱材，保温材，耐火被覆材が含まれていないか確認し，これらが見つかった場合にはすみやかに回収することが望ましい．アスベスト含有成形板等（レベル3建材）についても，堆積が長期に及ぶことで乾燥・劣化しアスベストが飛散する恐れが高まることから，可能な範囲で早期に回収することが望ましい．

津波や水害の被害を受けた建物等が混合状態になっており，その中からアスベストの事前調査を行うことがきわめて困難である場合は，湿潤化等の飛散防止措置を講じた上で注意解体を行う．また，大規模な注意解体が発生する作業地点では，大気中アスベストの測定を行うことが望ましい．

STEP3

廃石綿等は仮置場に持ち込まず，関係法令を遵守して直接溶融等の中間処

表2 具体的なマニュアルの例

書名	発行者
建築物の解体等工事における 石綿粉じんへのばく露防止マニュアル	建設業労働災害防止協会
既存建築物の吹付けアスベスト粉じん飛散 防止処理技術指針・同解説	日本建築センター
建築物の解体等に関わる 石綿飛散防止対策マニュアル	日本作業環境測定協会
建築物の解体等に関わる 石綿飛散防止対策マニュアル	環境省
建築物の解体等に伴う有害物質等の 適切な取扱（パンフレット）	建設副産物リサイクル広報推進会議

理または管理型最終処分場へ引き渡す．また，石綿含有廃棄物もできるだけ仮置場を経由せず，直接処分先へ運搬することが望まれる．ただし，仮置場には片付けによって排出されたスレート板（アスベストを含有する可能性がある）が持ち込まれることがあり，持ち込みを完全に防ぐことは困難であることから，仮置場へ持ち込まれた場合には，荷の梱包材を破損させないよう注意して，積み下ろし・保管・積み込みの作業を行い，分別して保管し，立入禁止措置を講ずる．また仮置場の作業員に注意喚起を促す．保管にあたっては密閉して保管することが望ましいが，これが難しい場合には飛散防止シートで覆う等の措置を講ずる必要がある．

なお，仮置場で災害廃棄物中にアスベスト廃棄物の恐れがあるものが見つかった場合は，分析によって確認する．偏光顕微鏡法や可搬型のX線回折と実体顕微鏡との組み合わせによる迅速分析は，現場で短時間に定性分析が可能であるため，災害時対応に有用である．

仮置場においては，可能な限り早い段階で一般大気中のアスベスト測定**❶**を行うことが重要であり，実施に際しては環境保全部局に協力を要請する．

❶ アスベスト測定にあたっては，文献［7］を参照のこと．

▐▌ 主な法令における名称について

アスベスト含有建材は発じんの度合により，「レベル1〜3」に便宜的に分類されている．レベル1は，もっとも飛散性の高いアスベスト含有吹付け材であり，建築基準法で規制されている吹付けアスベスト等が分類される．ついで飛散性の高いレベル2にはアスベスト含有保温材，断熱材，耐火被覆材が分類される．レベル3はそれ以外のアスベスト含有建材が分類され，主にスレートや岩綿吸音板等の成形板の仕上げ材料が多くある．アスベスト含有建材は法規制の目的により名称が異なる（表3）．

表3 主な法令におけるアスベスト含有建材の名称 ［19］

法令	建材の種類		
	アスベスト含有吹付け材 （レベル1相当）[1), 2)]	アスベスト含有耐火被覆材 アスベスト含有保温材 アスベスト含有断熱材 （レベル2相当）[1), 2)]	その他のアスベスト含有建材 （成形板等） （レベル3相当）[1), 2)]
建築基準法 （所管：国土交通省）	吹付け材のうち，下記2種類を規定 ・吹付けアスベスト ・アスベスト含有 　吹付けロックウール	対象外	対象外
大気汚染防止法 （所管：環境省）	特定建築材料	特定建築材料	対象外
労働安全衛生法 石綿障害予防規則 （所管：厚生労働省）	建築物等に吹き付けられた石綿等	石綿等が使用されている保温材，耐火被覆材等	石綿等
廃棄物の処理及び清掃に関する法律 （所管：環境省）	廃石綿等 特別管理産業廃棄物 （飛散性アスベスト）[2)]	廃石綿等 特別管理産業廃棄物 （飛散性アスベスト）[2)]	石綿含有産業廃棄物 （非飛散性アスベスト）[2)]

注1)：建設業労働災害防止協会の「建築物の解体等工事におけるアスベスト粉じんへのばく露防止マニュアル」では作業レベルとしてレベル1〜3を分類しているが，便宜的に主な建材の区分としても使用されている．
　2)：（　）内は一般的な呼称

スプレー缶・カセットボンベ

矢野順也

スプレー缶やカセットボンベはほかの廃棄物との混合は必ず避け，排出者自身のみならず保管場所あるいは廃棄場所，処理施設の作業員にとっても十分に安全に配慮した廃棄を心がける必要がある．

■ スプレー缶・カセットボンベとは

　スプレー缶はエアゾール製品とも呼ばれ，制汗剤や消臭剤等幅広い用途の製品が使用されている．スプレー缶・カセットボンベは災害に対する備蓄品でもあり，また発災後は被災者の生活を支える製品である．しかし，ひとたび廃棄物となれば慎重に取り扱わなければならない有害・危険物でもある．主成分自体が可燃性であるカセットボンベはもちろん，スプレー缶にもLPガスやジメチルエーテル等の可燃性ガスが噴射剤として使用されており，容器の中は高圧になっている．また，殺虫剤等，主成分として人体・生物や環境にとって有害な化学物質を含有している製品もある．したがって，使用や保管，廃棄方法を誤ると破裂や爆発等の火災が生じる可能性がある．また，容器の材質は主にスチールまたはアルミであり，破裂や内容物の漏洩防止の観点からさび等の腐食に注意する必要がある．

■ 分別・廃棄方法

　平時においても自治体によってスプレー缶・カセットボンベの廃棄方法は異なり，穴を開ける，ガス抜きをする等多様な指示事項が見られるが，中身を使い切ってから廃棄することが原則である．また，使い切った後にわずかに残存している内容物については，製品備え付けのガス抜きキャップ❶（図1）や市販の穴あけ器等を使用して中身を出し切ることができる．しかしながら，とくに災害時においては中身が含有された状態で廃棄せざるを得ない状況も想定し得る．災害時の廃棄方法は，当該自治体の平時の廃棄方法に準拠しつつ，災害時にアナウンスされた分別方法や仮置場スタッフ等の指示にしたがって廃棄することが重要である．排出者自身のみならず保管場所あるいは廃棄場所，処理施設の作業員にとっても十分に安全に配慮した廃棄を心がける必要がある．可燃性・爆発性を有する危険物であることから，排出時はほかの廃棄物との混合を必ず避けること．とくに家庭内に長年ストックされていたものが災害によって廃棄せざるを得なくなった際には，容器の劣化状況にも配慮し，湿気・塩気等による容器の腐食がないよう注意する．仮置場等の保管場所は雨風，直射日光，そのほかの熱源を避けるよう配慮が求められる．また，万が一の火災に備え，近場に消火器を設置しておくことやできる限り周囲に可燃物を隣接させないこと，漏洩対策としては漏洩物が直接環境中に漏れ出ないようにコンテナ等に入れて保管することが望ましい．

❶**ガス抜きキャップ（中身排出機構）**　消費者に製品を使用した後に残存した中身を排出させるための機構．2006年以降のスプレー缶は使用方法等の説明書きとともにガス抜きキャップが備わるようになった（充填物がゲル状の製品，可燃性ガスを使用している内容量100 g以下の製品を除く）．使用時は風通しがよく，広く，火気のない屋外で，風下に向かって人にかからないように使用すること[1]．

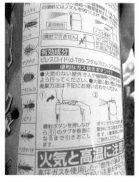

図1　ガス抜きキャップ（中身排出機構）の使用方法表示例（2016年12月撮影）

3-23 太陽光発電設備

鈴木慎也

太陽光発電設備については，リサイクル等の推進に向けたガイドラインの整備が進められており，できるだけ分別を行い有効利用を図るべきである．ただし，破損したモジュールも発電はするため，感電や怪我の防止，水濡れの防止等，安全対策を徹底する．

処理フロー

図1に処理フローを示す．

STEP1

太陽光発電設備は，大きく屋根置き型，地上設置型（平置き型等），建物一体型，集光型の4種類に分けられる（図2）．公有地だけなく私有地に置かれているものも多く，まずは保管上の留意事項（後述）を徹底する必要がある．

STEP2

後述する留意事項のほか，感電防止のため降雨・降雪時には極力運搬作業を行わない等の対策によりリスクを低減させることが望ましい．災害により破損した太陽光発電設備は廃棄物処理法に基づき運搬する必要がある．

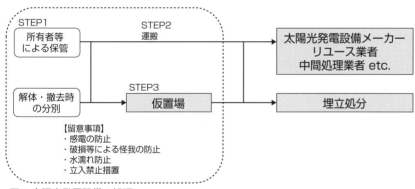

図1 太陽光発電設備の処理フロー

平置き型の導入事例

建物一体型の導入事例

建物一体型の導入事例

図2 太陽光発電設備の導入事例 [22]

　後述する留意事項のほか，降雨・降雪時には極力作業を行わないようにする．土壌等の汚染が生じないように環境対策を実施することが望まれる．

◤ 留意事項

　太陽電池モジュールは大部分がガラスで構成され，モジュールが破損していても光が当たれば発電することから，取り扱いに注意し，安全性に配慮する必要がある．

- 感電の防止：太陽光発電設備のパワーコンディショナーや，太陽電池モジュールと電線との接続部は，水没・浸水しているときに接近または接触すると感電するおそれがある．太陽電池モジュールの表面を下に向けるか，表面を段ボール，ブルーシート，遮光用シート等で覆い，発電しないようにする．複数のモジュールがケーブルで繋がっている場合，ケーブルのコネクタを抜き，ビニールテープ等を巻くこと．ゴム手袋，ゴム長靴を着用し，絶縁処理された工具を使用すること．

- 破損等による怪我の防止：太陽電池モジュールは大部分がガラスで構成されている．破損に備えて保護帽，厚手の手袋，保護メガネ，作業着等を着用する．

- 水濡れ防止：雨水等の水濡れによって含有物質の流出，感電の危険性が高まるため，ブルーシートで覆う等の水濡れ防止策をとることが望ましい．

- 立入禁止措置：感電，怪我を防止するため，みだりに人が触るのを防ぐための囲いを設け，貼り紙等で注意を促すことが望ましい．

3-24 貴重品，おもいでの品

鈴木慎也

> 所有者が不明な貴重品は，すみやかに警察に届ける．所有者等の個人にとって価値があると認められるもの（おもいでの品）については，廃棄に回さず，自治体等で保管し，可能な限り所有者に引き渡す．個人情報も含まれるため，保管・管理には配慮が必要となる．

■ 貴重品・おもいでの品の具体例

表1に貴重品・おもいでの品の具体例を示す．パソコン，デジタルカメラなど家電製品ではあるものの，おもいでの品に該当するものがあり得ることに注意する．

■ 処理フロー

図1に貴重品・おもいでの品の回収・引き渡しフローを示す．

■ 回収・保管・管理・閲覧

災害廃棄物対策指針（改訂版）[9] には，おもいでの品等に対する取り扱いが明記されている．災害廃棄物を撤去する場合はおもいでの品や貴重品を取り扱う必要があることを前提として，遺失物法等の関連法令での手続きや対応も確認の上で，事前に取扱ルールを定め，その内容の周知に努める．

遺失物法第四条には，「拾得者は，すみやかに，拾得をした物件を遺失者に返還し，または警察署長に提出しなければならない．」と定められている．遺失物法は，2007年12月10日の改正により，以下の規定が設けられた．以下に留意した上で，撤去・解体作業員による回収のほか，現場や人員の状況によりおもいでの品を回収するチームをつくり回収する．

- 拾得物の保管期間は3か月
- 警察署長は，傘や衣類等大量・安価な物等は，2週間以内に落とし主が見つからない場合，売却等処分ができる

表1　貴重品・おもいでの品の具体例

項目	具体例
貴重品	株券，金券，商品券，古銭，貴金属類，財布，通帳，手帳，印鑑，キャッシュカード，クレジットカード
おもいでの品	位牌，アルバム，卒業証書，賞状，成績表，写真，パソコン，HDD，携帯電話・スマートフォン，ビデオ，デジタルカメラ

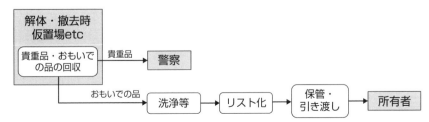

図1　貴重品・おもいでの品の回収・引き渡しフロー

第3部　分別・処理戦略

• 各都道府県の警察本部長は拾得物の情報をインターネットで公表する

▐▌貴重品

　貴重品については，持ち運びが可能な場合は，透明な袋に入れ，発見日時・発見場所・発見者氏名を記入し，すみやかに警察へ届け出る．所有者が明らかでない金庫，猟銃等を発見した場合は，すみやかに警察に連絡して，引き取りを依頼する．あらかじめ必要な書類様式を作成することでスムーズな作業を図ることができる．

▐▌おもいでの品

　おもいでの品については，土や泥が付いている場合は，洗浄，乾燥し，自治体等で保管・管理する．閲覧や引き渡しの機会をつくり，持ち主に戻すことが望ましい．おもいでの品は膨大な量になることが想定され，また，限られた時間の中で所有者へ返却を行うため，発見場所や返却場所，品目等の情報がわかる管理リストを作成し管理する（コラム1，4-10参照）．

蛯江美孝

> 災害時には,電気,水道,通信等の動脈系インフラの復旧が最重要課題とされるが,トイレも被災直後から生活に欠かせないものである.上下水道施設や給排水設備が損傷した状況下では,トイレの閉塞やし尿の漏洩等を招き,周辺環境の汚染や各種感染症の蔓延につながることが危惧される.したがって,衛生環境の確保や環境保全の観点から,平時より,その対策を検討しておく必要がある.

■ 生活排水処理(下水道)

下水道は,都市域において下水管を敷設して生活排水や工業排水を集め,末端の終末処理場で処理する集中型のシステムであり,2019年度末時点で1億113万人(普及率79.7%)が使用している主要インフラの1つである.

災害時,トイレは被災直後から生活に欠かせないものであり,トイレにまつわる課題は非常に重要である.清潔なトイレ環境の確保自体ももちろん重要であるが,例えば,被災により下水処理場の流入ポンプ,ポンプ場等が十分に稼働しないと,市街地にて未処理の下水がマンホールからあふれてしまう恐れがある.また,処理場が被災した場合は,本来の処理機能が発揮できず,完全復旧には長期間を要することがある.下水道は広範囲から多量の下水を集水していることから,その末端となる処理場の被災や管きょの詰まり・勾配変化等が発生した場合,非被災エリアを含めた多くの住民の生活に多大な影響を及ぼすこととなる.

管路施設の被災状況は,東日本大震災で2.39%(総延長18,673 kmのうち,被害管路延長445.1 km),熊本地震でも2.5%(3,196 kmのうち,81 km)であった.マンホールが大きく隆起している様子はテレビ等でも見られたため,一般にも被害が理解されやすいが,その影響は局所的ではなく,広範囲に及ぶ可能性もある.とくに,雨水と汚水を一緒に集める合流式下水道の場合は,豪雨等の影響**❶**も考慮する必要がある.

下水道の管理者は,多くの場合,市区町村である.災害時における地域の衛生環境の確保のためには,平時における準備が重要であり,そのためのBCP(業務継続計画)の策定・更新が進められている.2017年に改定された「下水道BCP策定マニュアル2017年版(地震・津波編)」**❷**[18]では,下水道BCPの策定が遅れがちな中小の地方公共団体に対して,最低限必要なことや優先順位等が整理されている.

■ 生活排水処理(浄化槽)

住居が分散している地域は,管路を繋いでいく下水道では整備効率が悪いため,個別の住居等に浄化槽と呼ばれる汚水処理装置が設置されている.浄化槽は,汚水が発生したその場で処理・放流する分散型のシステムであり,

❶ 災害によってポンプ場や管きょの搬送機能が低下した場合,豪雨等によって雨水の量が増えることにより,街中であふれ出してしまう恐れがある.

❷下水道BCP策定マニュアル2017年版(地震・津波編) 災害時に下水道機能の維持・早期回復,地域の衛生環境の確保を図るための取り組みについて,参考事例を含めて整理されたもの.

2019年度末時点で1,175万人（普及率9.3%）が使用している.

　2011年の東日本大震災後の環境省の被害状況調査（震度6弱以上を観測した地域や津波による被害を受けた地域）では，全損と判断される浄化槽の割合は3.8%であり，2016年の熊本地震でも，全損は1.5%であった．浄化槽は分散・独立して設置されるため，直接的な被害は被災エリアに限られるが，し尿処理施設（汚泥再生処理センターを含む）や保守点検業者，清掃業者等が被災した場合，非被災エリアにおいても一定程度の影響が及ぶことが想定される.

　浄化槽の災害時の課題としては，そのほとんどが個人の所有物であるために，地域防災計画にその記載がない場合が多いことである．災害時の対応を組織的かつ機能的に実施するためには，地域住民や事業者をはじめ，指定検査機関，維持管理業者，施工業者等との連携・協力が重要である．すなわち，ハードとしての浄化槽本体が地震に対して堅牢というだけでなく，ソフトとしての復旧体制も重要ということである．環境省では，災害時の浄化槽被害等対策マニュアル第2版[3] [5]を発出しており，住民による使用可否のチェック方法や地域としての連携体制等が整理されている.

　また，東日本大震災では多くの住民が住む家を失い，5万戸を超す応急仮設住宅が建設されたが，津波による被害が大きかったことから，応急仮設住宅は下水道の整備された海岸近くの平地ではなく，津波を避けた高台に建設された．当然，応急仮設住宅においても生活排水処理が必要となるが，浄化槽は必要なところに迅速に設置でき，小回りが利くことから約1,600基の浄化槽が設置され，被災地に大きく貢献してきている．近年では，その災害に強い性質から，防災拠点への浄化槽の整備等も進められている.

[3]災害時の浄化槽被害等対策マニュアル第2版　浄化槽の災害時の緊急対応，被災地域の汚水処理システムの迅速な復旧の実現に向けたマニュアル．参考となる事例集（別冊）もある.

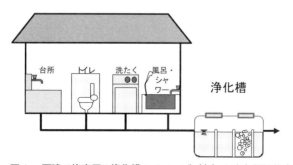

図1　戸建て住宅用の浄化槽のイメージ（左）と応急仮設住宅に実際に設置された浄化槽の様子（右）
（2011年撮影）

3-26 避難所におけるし尿の保管方法から処理・処分までの取り扱い

蛯江美孝・神保有亮

> トイレ問題は発災直後から発生する．トイレの不適切な利用は衛生環境の悪化を招くことから，発災後の各時間軸に沿った適切なし尿の取り扱いが重要である．

発災直後

　一般的に災害発生後，被災者は数時間以内にトイレに行きたくなる[4]と言われており，避難所等において，発災直後から備蓄してある仮設トイレの使用が想定される．しかし，仮設トイレが組み立てられない，避難者数に対して仮設トイレの数が足りない，バキュームカーが来ない等の理由から，し尿があふれ，適切に利用されないことも多く，気早な仮設トイレの使用には注意が必要である．

　これらのことをふまえ，発災直後においては，まずは携帯トイレを使用することを推奨する．携帯トイレとは，断水や排水不可となった洋式便器等に設置して使用する便袋のことであり，排泄のためのプライバシーが守られる空間があれば，どこでも使用可能であるほか，1回ごとに使い捨てとなるため衛生的に使用することができるメリットをもつ．ただし，携帯トイレを使用する場合，臭気が問題となることから，予想される避難者数から携帯トイレの必要量と使用済みの携帯トイレの保管場所（可能な限り屋外を推奨）をあらかじめ想定しておくことが重要である（3-27参照）．なお，使用済みの携帯トイレは，定期的に焼却処分（自治体により処分方法が異なるため要確認）する必要があることから，収集・処分の体制確保も重要である．携帯トイレは，仮設トイレが確保できる，または電気や上下水道等のライフラインが復旧しはじめるまで，必要に応じて使用し，仮設トイレまたは既存トイレの利用に段階的に切り替えていく．仮設トイレを使用することが困難な人の場合は，屋内のトイレで携帯トイレを継続的に利用することも考えられる．

図1　災害直後のトイレの状況（NPO法人日本トイレ研究所提供）

図2　携帯トイレの一例（NPO法人日本トイレ研究所提供）

▶復旧期

　ライフラインや流通が徐々に復旧するのに合わせて，避難所のトイレの使用は，携帯トイレや簡易トイレから，仮設トイレ，マンホールトイレ等の災害用トイレ，既存トイレの利用に段階的に切り替えていく．このとき，仮設トイレはし尿の定期的な汲み取りが必要であるため，平常時の段階から，自治体は，し尿収集運搬許可業者との連携を深めておくことが重要である．

　復旧期では一般的に仮設トイレが使用されることが多いことから，仮設トイレの使用に関して以下のような注意点を抑える必要がある．

- 風雨や地震災害における余震等により倒壊しないよう固定
- 夜間でもトイレを使用しやすいように，トイレ内部およびトイレまでの通路に照明を設置（照明の設置は防犯対策としても効果的）
- 高齢者や障がい者等の要配慮者用のトイレは屋内を原則とし，仮設トイレの場合は避難所から一番近い位置に設置する等の対応が必要
- 感染症が蔓延しないよう，定期的な清掃が必要

　とくに，最後の清掃に関しては，感染症対策として塩素系漂白剤を使用するほか，利用者の手洗い設備や手指消毒用アルコール等も準備することが必要である．

▶復興期

　ライフラインがほぼ復旧すると，避難所の避難者数は減少していくため，段階的に仮設トイレの使用数を減らしていく必要がある．また余剰の仮設トイレについては，仮設トイレが不足している避難所に再設置をしてもらうことが望ましい．

　避難者数の減少に伴い，避難所は徐々に閉鎖されていくことになるが，自宅が被災した避難者は応急仮設住宅に引っ越すことになる．応急仮設住宅には基本的に水洗トイレが備え付けられており，また，し尿を含む生活排水については，下水道・浄化槽によって処理される（3-25参照）．なお，応急仮設住宅に設置される浄化槽は通常どおりの維持管理が行われるように，浄化槽の保守点検・清掃業者等との連携が必要となるほか，応急仮設住宅は原則として2年間で撤去されることから，撤去後の浄化槽の有効利用等についても配慮が必要で，平常時からの協力体制の構築，情報交換が重要である．

▶国，自治体，団体による災害時のトイレ対策マニュアルの作成および人材育成

　阪神・淡路大震災や東日本大震災におけるトイレ問題を受けて，内閣府では「避難所におけるトイレの確保・管理ガイドライン」[25]を策定したほか，兵庫県では「避難所等におけるトイレ対策の手引き」[31]を策定，徳島県では「徳島県災害時快適トイレ計画」[24]を策定する等，国，自治体等において災害時のトイレ問題の解決に向けた対策が始められている．このほか，NPO法人日本トイレ研究所では，災害時におけるトイレ管理者育成を目的とした「災害時トイレ衛生管理講習会」[28]を開催する等，団体，企業においても様々な取り組みが行われているので，これらも参考にしていただきたい．

3-27 災害用トイレとその準備

神保有亮

> 災害発生時に実際に使用される災害用トイレは多岐にわたることから，適切な使用方法および必要量をあらかじめ確認・準備しておくことが重要である．

■ 災害用トイレの種類

　災害用トイレは，携帯トイレ，簡易トイレ，仮設トイレ，マンホールトイレ，その他のトイレに大別され，多くの企業から開発，販売されている．ここでは，主な災害用トイレの種類，使い方を紹介する．

携帯トイレ，簡易トイレ

　携帯トイレとは，断水や排水不可となった洋式便器等に設置して使用する使い捨て型の便袋のことであり，吸収シートや粉末状の凝固剤が含まれているタイプのものもある．

　簡易トイレとは，し尿をパッキングするタイプ，し尿を貯留，あるいは分離して保管するタイプ，携帯トイレを取り付けて使用するタイプ等があり，一般的には便座部分とセットで使用されることが多い．一部の簡易トイレは電気を使用するタイプも存在するため，停電時の対策について，あらかじめ準備しておく必要がある．

　携帯トイレ，簡易トイレのいずれのタイプも，使用済みのトイレについては，あらかじめ保管場所を想定し，自治体によって処理を行う．

仮設トイレ，マンホールトイレ

　仮設トイレとは，建設現場やイベント用に開発されたトイレであり，基本的には汲み取り式トイレとなっているため定期的な汲み取り作業を必要とする．和式便器であることが多く，段差も存在するため，高齢者や障がい者，乳幼児等の要配慮者の利用には，洋式便器のトイレを優先的に使用させる等配慮が必要となる．

　マンホールトイレとは，マンホールトイレ用に作られた専用マンホール（図1）の上に便器や仕切り施設等を設置するトイレである．排泄物は下水

図1　マンホールトイレ

管を通して処理場へ流下するため，下流側の下水処理施設が被災していないことが前提となる．また，貯留タイプのマンホールトイレは，一定量のし尿を貯留できるが，汲み取りが必要になる．仮設トイレと比較して段差が少ないため，バリアフリー型のトイレとしても利用できる．便器を設置する前に使用する等，誤った使い方をすると落下の危険性があるため，注意が必要である．

　仮設トイレおよびマンホールトイレは，いずれのタイプも建屋やテント等の上部構造を有することから，雨や風に対する対策が必要となる．

その他のトイレ

　上記のほかに，その他のトイレとして，自己処理型トイレ，車載トイレ，便槽貯留型トイレがあげられる．いずれのトイレもより衛生的にし尿を処理することが可能であるが，専門的な維持管理が必要となる，比較的コストが高い等の課題がある．

■ トイレ必要数の見積もり[25]

　携帯トイレおよび仮設トイレを備蓄するにあたり，その備蓄量を算定するには，し尿の発生量をあらかじめ予想しておくことが重要である．トイレの必要数およびし尿の発生量について，次のように見積もることが可能である．

- 携帯トイレの必要数

　最大想定避難者数×5回×日数＝携帯トイレ必要数

　※1人あたりの排泄回数は5回が目安とされている．

　※日数については何日間分備蓄をするかによって変動する．まずは3日分を目標（推奨7日）とし，流通状況，周辺自治体の支援等も勘案して備蓄量を決定する．

- トイレの必要数

　最大想定避難者数÷50人＝トイレ必要数

　※過去の災害，国際基準等から，50人あたり便器が1つあると，トイレ数に関する苦情がなくなると言われている．

　※女性用トイレ：男性用トイレの割合は3：1を目安として設置するが，すべての利用者の意見を反映させて柔軟に対応する．

- 1日あたりのし尿発生量

　300 mL（平均排泄量）×5回×最大想定避難者数＝1日あたりのし尿発生量

　※1人あたりの排泄量は200 〜 300 mLと言われている．

　※洗浄水を使用する場合は平均排泄量に200 mLを加算する．

- し尿処理能力（容量）

　便槽の容量×トイレの数＝し尿処理能力（容量）

- 汲み取りの回数

　し尿処理能力÷1日あたりのし尿発生量＝汲み取りの回数

　※汲み取りについては，バキュームカーの台数，道路状況等に応じた収集計画が必要であるため，平常時からし尿収集運搬業者と協定を結ぶ等，平時の備えが必要である．

放射性物質に汚染された災害廃棄物

大迫政浩

福島第一原子力発電所（以降，福島原発）事故に伴って放出された放射性物質により広く環境が汚染され，大量の汚染廃棄物が発生した．法律の下に技術基準に基づいた適正な処理がなされたが，今後，最終処分に向けて様々な技術的，社会的課題が残されている．

》》福島原発事故に伴う放射性物質による環境汚染

2011年3月11日に発生した東日本大震災に伴って，福島原発は過酷事故に至り，放出された多量の放射性物質により広域の環境が汚染された．汚染は人口密集地域におよび，原発周辺の避難指示区域に居住していた多くの住民がいまだ避難を余儀なくされている．

問題となる放射性核種は，放射性セシウム**❶**である．土壌に強く吸着，保持される性質がある．ガンマ線という放射線を出し周辺環境からの外部被ばくの原因になるため，これを回避してリスク低減を図っていく必要がある．

国では，これらの放射性物質による環境汚染からの回復のために，除染と汚染廃棄物の対策を柱とする放射性物質汚染対処特別措置法（以下，特措法）を2011年8月に制定した．汚染地域の表面の土壌の剥ぎ取り等の除染や，汚染された廃棄物の処理等の各種対策が講じられた．

》》汚染された廃棄物の発生

放射性物質に汚染された災害廃棄物の範囲を広義にとらえ，原発災害によりどのような汚染廃棄物が発生したかを概説する．汚染された地域においては，人の活動に伴い，汚染された多くの廃棄物が生じた．都市域の中で土壌に沈着した放射性セシウムは，降雨とともに下水道管に流入し，下水終末処理場から放射性セシウムが濃縮された下水汚泥の形で発生した．庭の剪定等により生じる草木類に付着した放射性セシウムは一般ごみに混入して焼却施設で一緒に処理され，焼却灰の中に濃縮された．また，除染を行うと除去された汚染土壌や伐採された草木等の汚染廃棄物が発生し，その適正処理が課題になった．地震動や沿岸部の津波により生じた災害廃棄物も少なからず汚染が認められた（図1）．

》》国等における対処

特措法においては避難指示が出されている高線量地域を汚染廃棄物対策地域として指定し，国の責任で処理を行うこととされた．また，放射能濃度が8,000 Bq/kg（Bqはベクレル**❷**と読む）を超える廃棄物を指定廃棄物として指定し，これも国が責任をもって処理することにした．8,000 Bq/kg以下についても，放射性物質の観点から入念的な管理が必要なものは特定一般廃棄物または特定産業廃棄物に指定し，市町村自治体または事業者が責任をもって適正に処理することになった．津波

❶放射性セシウム 事故由来の放射性核種として問題となっているのは，セシウム134とセシウム137である．壊変時にベータ線とガンマ線を出し，半減期はそれぞれ約2年および約30年である．セシウムは原子番号55のアルカリ金属であり，同族にはカリウムやナトリウム等があり，類似の化学的性質を示す．

❷ベクレル 放射能の強さの単位で，1秒間に1回壊変する放射性物質の量（放射能の強さ）が1 Bqであり，この物質が1 kgであれば放射能濃度は1 Bq/kgとなる．

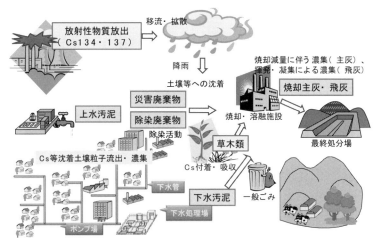

図1　放射性物質に汚染された廃棄物の問題

等により生じた災害廃棄物は，宮城県や岩手県では汚染の度合は低く，入念にチェックしながら，通常の廃棄物と同様に処理が行われたが，広域処理においては，受け入れ側の都道府県で住民との間に少なからず軋轢が生じた．

　放射性セシウムを含む廃棄物を処理する過程では，二次的な環境汚染を招かないようしなければならない．そのために特措法では，汚染廃棄物の保管から運搬，中間処理（焼却処理や破砕選別処理），最終処分までの各工程で安全性を確保するための処理基準が定められた．例えば，焼却施設においてはバグフィルター等の高度な排ガス処理設備を装備することで，排ガス中から放射性セシウムを十分除去することが可能になる．このように技術的には汚染廃棄物に対する適正処理の方法が確立され，これまで着実に適正処理が進められている．

　なお，福島県においては除染により生じた大量の除去土壌や廃棄物が仮置場に保管されているが，福島原発近傍の中間貯蔵施設への輸送が進んでいる．中間貯蔵施設には，受入・分別施設や土壌貯蔵施設，減容化施設等が整備され，稼働し始めている（図2）．今後は，2045年までに完了しなければならない福島県外での最終処分が，技術的にも社会的にも大きな課題である．

図2　中間貯蔵施設の土壌貯蔵施設
　　（2018年8月撮影）

第**4**部
災害時の支援・受援

4-1 ボランティアと受援

奥田哲士・水原詞治

被災した物品や流れ込んだ土砂等の洗浄や分別，撤去等には，ボランティア等支援の力が欠かせない．第4部では，そのうち災害廃棄物に関連するものをまとめ，支援を効果的に受けるための受援についても解説する．

■ボランティア

「ボランティア（volunteer）」の語源は，英語のwill（意思）の語源と同様のラテン語「volo（ヴォロ：願う）」だそうで，聖書を源としており，その名詞形「voluntas（ヴォルンタース）」には「意思」「善意」等の意味があるそうである．つまり参加する側にも，経験や満足等も含めて何らかの得るものへの期待や意図があり，自ら望んで参加するもので相互的な意味合いを感じる．得るものが一方的な意味合いが強い「奉仕」「慈善（救済）」とは厳密には違いそうだ．また，満足度を得る行動ということでは募金等もボランティアの1つとしてよい気がするが，そちらには「チャリティー（慈善，親切）」が使われることもあり，ここでは「活動」やそれを行う人を紹介する．

■支援（ボランティア）

災害廃棄物の分野でも重要となるボランティア活動を行う際には，ボランティアの作業内容だけではなく，参加方法（行政の立場では受け入れ方法）や装備や道具等の実際に必要となる情報や心構えを理解することも重要である．また，ボランティアの歴史を振り返ることや，受け皿の1つである災害ボランティアセンター（災害VC）の役割や活動内容を理解することも大切だろう．実際に活動をはじめるには，実際の作業に必要な情報，廃棄物の分野では，各市区町村ごとに違うことが多い分別方法，回収方法や日時，持ち込む場合の場所（仮置場）等の情報が必要となるが，正確な情報の入手先は，災害廃棄物の適正処理のためだけでなく，ボランティアの援助を含めた貴重な労働力を間違った行動に費やさないために知っておくべきである．

■受援[1]（被災地の行政・住民）[2]

ボランティア活動等の支援を無駄にせず，できる限り効率的に受けるためには，支援側の目線だけでなく，受援への備えや配慮等の受援への知識が重要である．そこでは発災後，行政がボランティアの受け入れ等受援のためにするとよいこと，住民（被災者）と行政が協働，あるいは理解し合って力を合わせるべきことがあるが，平時にしておけることも多い．日頃，災害への備えとしてできることとしては，災害時に必要となる物資の備蓄や管理といった物質（ハード）的なことだけでなく，災害時にそれらを入手する先との事前調整，災害時の分別や回収予定方法等の情報に関するソフト的なものがある．さらに，住民の核となるリーダーの養成も重要である．

[1] 1995年に発生した阪神・淡路大震災は，日本での「ボランティア元年」といわれるきっかけである．これに対して，とくに自治体同士の多様な連携がなされた東日本大震災は「自治体連携元年」といわれることがあるが，応援を受ける側の「受援力」を高めることが必要不可欠であるという認識が広がったきっかけであった．

[2] 「住民への発災後の情報伝達・発信，啓発・広報」や「平時に収集できる災害廃棄物の情報や訓練，自治会の役割」，行政自体の（ほかの行政の支援の）受援等については，第2部で詳しく説明されている．

4-2 平時からの住民と行政との協働
～リーダーの育成～

奥田哲士・水原詞治

> 平時の行政と住民の関わりは防災力だけでなく，発災後の復興スピードに影響する．とくに，地域リーダーが果たす役割は大きいが，発災後のコミュニティリーダーとなり得る人材が，災害廃棄物もカバーできればきわめて心強い存在となる．

■ 災害廃棄物に関連する各種リーダー

災害廃棄物の分野においても，発災後に関連知識や訓練等の経験をもとに，行政と連携して必要な情報を得ながら，災害に特化した廃棄物の管理あるいはその補助を継続的に行え，かつ，土地勘がある人材が必要であるが，現時点でそれに特化した資格等はない．ごみについては平時の行政とのコミュニケーション（情報共有，相互理解等）も重要であり，それも含めたリーダーが求められる．その人材候補としては，自治会長のほか，関連する知見・関心をもつ災害ボランティアコーディネーター[1]が考えられる．さらに，ごみ減量推進員，（地域）防災（拠点）リーダー[2]等も候補になり得る．行政としては，災害時に力を発揮するそのような人材の育成をすべきである．

リーダーは，住民の中だけでなく行政内部にも，普段の組織の上司とはちがった「リーダー」が必要となる．例えば災害廃棄物という中にも，家庭から排出される災害廃棄物と解体家屋や川を流されてきた流木などの土木的な廃棄物があるが，それらを扱う部署は，普段は異なる部署，職員である．よって，災害には，異なる部署，系を連携させるリーダーが行政組織の中に必要となる．そのようなリーダーは，平時に取り決めや訓練をして決めておくことが望ましいが，そうでなければ両方の部門を経験した職員，少なくともどちらかの職員がなることが多いようである．

■ 関連する資格等

災害に関連した資格として公的に認められている資格としては，災害発生時の避難誘導・人命救助，さらに災害発生後の復興活動・事業継続・ボランティア等に，地域社会のリーダーとして，社会的役割と責任を果たす防災危機管理者[3]がある．ほかにも一部関連するものとして，主に防災にかかわる防災士や防災介助士，救命や介助に関連して，災害救援ボランティア，赤十字救護ボランティア，災害救援ボランティア「セーフティリーダー」等がある（いずれも民間資格）．また，いくつかの民間資格や防災検定，ボランティアコーディネーション力検定といった検定制度もある．

現時点で災害廃棄物に特化した資格等がないため，現在存在する災害に関連した資格取得時に，災害廃棄物の知識も習得して頂くことも，発災後のごみの管理等に大きな助けになると考えられる．

[1] 大規模な災害が発生したとき，多種多様なボランティアを，効果的かつ迅速・円滑に活動が行われるように調整する「被災者とボランティアのパイプの役割」．行政，各地の社会福祉協議会やNPOが設置する災害VC等で，支援を必要としている被災者のニーズを把握し，全国から駆けつけたボランティアの受け入れを行い，適材適所へボランティアを効率よくコーディネートする．法的な認定・資格ではなく，役職的な呼称である．

[2] 地域の自主防災組織の一員で，地域防災力の向上に資する人材であり，自治体から称号が授与や認定されたり，業務が委嘱される．通常，防災センター等の研修を受け，一定の要件を満たした場合に認定等される．平時には防災訓練の企画への参画，地域住民への防災技術の指導，防災知識の普及・啓発等を行い，災害時に（自身や家族の安全を確保した上で）自主防災組織がより効果的に防災活動に取り組めるよう，できる範囲で地域の中でリーダーシップを発揮し，自助・共助と公助のパイプ役として活動に携わる．

[3] 防災危機管理者は，一般社団法人教育システム支援機構が資格認証する資格で，講義や普通救命講習受講を行い，課題提出等を行った後，法人に申請して認定される．

4-3 平時からの住民と行政との協働
～情報伝達～

奥田哲士・水原詞治

発災後，廃棄物関係では，行政から住民へ各種の有用な通知・連絡（情報提供）が行われるが，とくに発災直後の混乱期には正確な情報が伝わりにくく，さらに災害廃棄物関連では普段とは異なる内容の情報もあり，正確な伝達が難しい．

情報の種類

行政は，平時からほかの災害での例や，各自治体の処理能力等を考慮して，分別方法や回収等を開始する時期や方法，あるいは平時から変化するであろう点を，予定としてでもよいので決めておくとよい．それらのうち，仮置場等は被災状況を考慮しないと決められない一方で，平時から開示可能なもの，少なくともどのように情報伝達する予定であるかといった情報は住民に伝えておくとよく，そのような取り組みをしている例もある[1]．例えば，仮置場の場所や開設時間，持ち込めるものの種類がわからないと，被災者にとって不都合であるし，通常発災後何日程度でそれらが案内されるか，というスケジュールを知っておくだけでも被災者には有益である．また，分別方法等を，迅速かつ正確に伝えないと，一般ごみに災害廃棄物が混ざったり，（一般ごみ，災害廃棄物ともに）危険物や有害物が混入する可能性もある．それらは，排出者および処理担当者の安全性の点からだけでなく，リサイクル性の低下という点からも避けなければならない[2]．

1 例として，平時の家庭ごみの分別ポスターに，災害時の分別予定区分や回収方法，情報入手先を記載しておくものがある．

被災者の認識

行政は通常，発災後には災害廃棄物についての情報を被災者（排出者）に適切かつ迅速に伝えるよう最大限努力する．しかしながら筆者らの調査では，災害廃棄物について〈家庭ごみ（一般ごみ）との区別〉という基本的な枠組みについてだけでも，一週間以内では，被災者の3割程度しか認識できておらず，通常はあり得ない「家庭ごみ」と混ぜることができる，や「災害廃棄物といったものの回収はない」という回答が半分近くあった（図1）．また，災害ボランティアに入ってごみの分別に携わった方は余裕がある分，情報提供を得ている可能性もあったが，こちらも実際は低いという結果であった．発災後で余裕がなく，混乱している状況で情報を伝えることは非常に困難である．

2 なんらかの補助や各種申請についての情報，行政が特定の廃棄物や土砂等を各地域や家庭まで集めに回る等の有益な情報についても，情報伝達が遅延して被災者の不利益となることは避けなければならない．

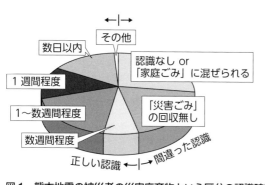

図1 熊本地震の被災者の災害廃棄物という区分の認識時期 [3]

4-4 ボランティアの受け入れ

奥田哲士・水原詞治

> 発災後，ボランティアに行く側（支援）にとっては，どのような作業や受付方法なのか等，具体的な内容を知りたいであろうし，被災者にとってもどのような支援をボランティアの方々から受けられるか（受援）についての理解は重要である．

災害ボランティアの規模

近年の災害時における，災害VCを通じてボランティア活動を行った人の人数は，2011年の東日本大震災で142万人，2014年の広島土砂災害で4.4万人，2016年の熊本地震で7.4万人（熊本市および益城町）という規模である．このように，発災後は多くのボランティアが駆けつけ，災害VCではその善意，労働力等をマッチング，コーディネートすることになる（図1）．

災害VC[19]

各被災地に立ち上げる災害VCは，多くの場合，各都道府県・市区町村に設置されている社会福祉協議会（社協）や各地で日頃から各種のボランティア活動を援助している団体，あるいはそれらが共同して立ち上げることが多い．また市区町村等の公的機関とともに運営する場合もある．全国社会福祉協議会（全社協）や全国災害ボランティア支援団体ネットワーク（JVOAD）■といった全国的な組織は，それをバックアップしたり，災害VC間あるいは行政との橋渡しを行う．社協や地元のNPOの場合，地理的な優位性や理解，人的ネットワークに明るく，災害直後から迅速に活動できる強みがあり，それらを活用して被災者支援を行うとともに，経験の多い全社協の援助を受けられるので，ボランティア活動の核となる．

災害VCの業務

ボランティアの力を最大限引き出すには，人材や機材のマッチングやコーディネートだけでなく，ボランティアセンターの設置場所や体制，宿泊施設の提供や紹介等も重要な因子となる．ボランティアセンターの場所は，候補地の中から，被災地域へのアクセスや道路や交通機関の被災状況等も考慮し

■**JVOAD** 災害に特化した団体で，市民セクターの連携強化，セクターを越えた支援者間の連携強化，地域との関係構築と連携強化，訓練，勉強会等，災害時の活動が効果的に行われるような取り組みを行う[15]．

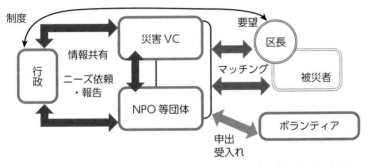

図1 被災者，ボランティアおよび各種団体間の関係（[21]を参考に作成）

て決定するため，土地勘のある地元の団体が力を発揮するところである．

ボランティア用の宿泊施設については，基本的にはボランティア参加者が事前に手配をしてから活動先に向かうが，発災後は電話やインターネットが繋がらなかったりWeb予約システムが使えないことも想定される．行政や災害VCは，作業者やボランティア向けの宿の連絡先も含めたリストやマッピング等を平時に行っておくことも必要になる場合があり，それらは定期的に情報更新しておくことが，効率的な運営が可能となる．ほかに平時からできることとしては，災害VCを開設できる場所やボランティアに貸し出しできる機材情報のリスト等を，行政とともに情報共有することがあろう．

■ 発災後のタイムフロー（図2）

どの支援団体でも，発災後すぐは支援に向けた準備および情報収集を行う．災害VCも早ければ翌日に開設されることもある．災害VCは，初動（緊急）期にはボランティアや被災者ニーズに関する情報共有・発信や災害廃棄物への対応方針に関する情報共有を行う．この段階では，ボランティアの人材としては，被災地周辺からのみの受け入れとなることも多い．その後の応急期と復旧・復興期には進捗や課題に関する情報共有を行いながら（二次災害や捜索等の情報も含む），被災者への影響と各自の安全を確保した上で，それぞれの業務を開始する．

復旧・復興期には，各団体の業務の効率化が行なわれる．災害VCでは例として，ボランティア受け入れとコーディネートを開始，随時，マッチング性の向上やスコップ等の作業用具等の投入による効率化に努める．

■ ほかの団体[2]

ほかに，ボランティアを行う団体としては，自衛隊のほか，市区町村と災害協定（食料支援，医療支援，消火器の回収・処理等）を結んでいる各種協会，各種NPO，経済団体や有志，日頃から特定の内容（食料支援等）に特化してボランティア活動を行っている団体等があり，発災後にそれぞれが得意とする分野でのボランティア組織を立ち上げ，独自に支援することもある．さらに，被災地の外からボランティアを団体で送り出す組織（地域や大学内のボランティアセンター）等が，関連する団体といえる．

[2] 災害廃棄物とのかかわりは薄いが，支援ということでは，義援金等のとりまとめを行う日本赤十字社，特定の機材等を提供する企業や経済団体，専門知識，医療等を提供する学会，避難所や被災者を直接支援することもある各種NPO等も，独自に支援を行う．

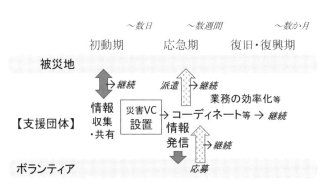

図2 発災後のタイムフロー

4-5 発災後の連携

奥田哲士・水原詞治

> 行政およびここまでに紹介したような各団体の活動の一部は，復興や災害廃棄物の適正管理，処理やリサイクルにかかわるが，災害廃棄物に関する団体間，またそれらと行政，被災者の連携が実行力と効率に直結する場合がある．

■ 災害VCと被災者 (需要の把握) [19]

被災者がボランティアを依頼する場合は，地域のリーダーの人たちが地域単位で取りまとめる場合，もしくは各家庭に配布されたチラシをみて個別に依頼する場合やボランティアが直接訪問して希望する作業内容を聞く，といった方法がある．人的な支援だけでなく，スコップ等の各種機材の貸し出しも行っていることが一般的で，時間とともに規模や内容が拡充されていることもあるので，被災者が災害VCに，どのような支援が可能かを定期的に確認するとよい．

■ 被災者とボランティア

発災後初期の混乱している期間や，宿泊施設が不足していたり二次災害等が心配される場合は，ボランティアを地元からしか受け入れない場合もあるので，とくに初期には被害の少なかった近隣の住民の積極的なボランティア参加は大きな力となる．また現地ではどうしても細やかな管理が難しいため，被災地域外からのボランティアの場合はあらかじめチーム分けをしておいたり，往路で参加者に心構え等を伝達できるような，送り出しVCを経由したボランティアバス・パックを利用したりする．バスは，通行や駐車スペースを確保する必要はあるが，一方でトイレを装備しているためトイレを確保する心配は軽減するのと，多くの物資を運べるため大きな力となろう．

■ 被災者，ボランティア，団体間の関係・連携 [20]

発災後，行政，災害VC，NPO等がニーズ等の情報や資源を共有することが，被災者への効率的・効果的な支援に重要である．そのためには，発災後に連携をすることでは遅く，平時からの連絡会，可能なら図上訓練■をなるべく多くの団体と一緒に行う等して，顔見知りの関係を築いておくことが望ましい．団体間の協定も最低限，策定しておくべきであるが，協定だけでは実効性がほとんどないといわれており，発災後はすぐに連絡の取れる関係，また担当者が変わっても，いざというときの窓口が明確になっている間柄を維持したい■．

■ 連携のあるべき姿

災害廃棄物に特化した，団体間と被災者の関係を図1にまとめる．現状では，よく連携できている場合でも①，②のニーズやポテンシャル，進捗の相互理解（「やりとり」部分）が行われている程度である．図1ではあるべき

■ 災害については特に災害図上訓練等と呼ばれ，Disaster, Imagination, Gameの頭文字をとって「DIG」と呼ばれる図上演習手法が有名である．行政，各種団体，住民を問わず行われており，参加者が地図や図面を囲んで，マーカーや付箋紙等を使い書き込み等をしながら，災害時の課題等を把握して議論する．

■ それぞれの間，とくに行政とNPOの連携には，橋渡しする中間支援組織（NPO支援センター）が関係強化を支援することも，とくに大きな災害，支援の場合には有効となる．

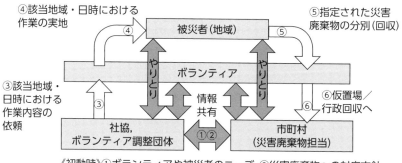

④該当地域・日時における
作業の実地

⑤指定された災害
廃棄物の分別（回収）

③該当地域・日時における
作業内容の依頼

⑥仮置場／
行政回収へ

《初動時》①ボランティアや被災者のニーズ，②災害廃棄物への対応方針
《応急時》①②進捗や課題（できるだけ定期的に）

図1　被災者・ボランティア・廃棄物行政の連携の可能性（浅利美鈴作成）

姿の一例も示しているが，災害VCがボランティア等へ災害廃棄物に携わる情報を提供すること（③）で，それが確実に伝達され（④）適切な分別や回収（⑤，⑥）や正確性の向上に繋がれば，災害廃棄物の安全性向上や不法投棄の抑制等ができると考えられる．さらにボランティアを通じて被災者にほかの情報を提供することができれば，災害廃棄物処理だけでなく，復興の加速に大きなプラスとなることが期待できる．

▶ 情報共有のあるべき姿

　少なくとも，災害廃棄物にかかわるボランティアが現地の分別や排出方法[3]を把握した上で作業に臨むため，災害廃棄物にかかわる支援の場合，災害VC等が情報を収集，ボランティアに提供してから作業が行われるべきだが，現状は徹底されていない例もある．これは，単に災害VCに余裕がないだけでなく，詳しい作業内容（災害廃棄物であれば分別方法や排出場所等の情報）は，依頼者に任せられているのが一般的であるためと考えられる．発災後は様々な業務で，行政と災害VCとの連携が必要とされ，強化されつつあるので，今後，災害廃棄物の分野でも，災害VCを介したやりとりが期待される．しかしながら通常，被災者がボランティアに求めるものは労働力であり，例えばごみの分別法や捨て方，場所等が正しくなくても作業を進めたいことが多く，ボランティアは被災者の求めに答えることが第一であるため，正しい分別や排出先を徹底するのは簡単ではない．ただ災害廃棄物対策指針（2018年改訂版）[5] には，分別方法や仮置場の情報もボランティアへ伝えるように強く書かれている．

[3]　ごみ分別の基準は各市区町村が，その地域の実情に応じて適切な処理計画を定めているため，分別方法・種類数も様々である．環境省（平成23年度）が行った「一般廃棄物処理実態調査」によると，もっとも多くの市区町村は11～15種類の分別を行っており，その幅としてはわずか2種類から多い場合は25種類以上にも分別している場合がある．

4-6 ボランティアの種類と受けもつ内容

奥田哲士・水原詞治

> 災害ボランティアが受けもつ内容は，大きくいくつかのカテゴリーに分かれているほか，同じカテゴリーでも災害の種類によって内容が大きく変わる場合もある．どのような作業かを事例をふまえて理解しておきたい．

■ ボランティアの種類

災害ボランティアとは，被災地や被災者の復旧・復興の手伝いを行う活動であり，災害種や被災状況に応じて様々な活動があるが，主な活動内容としては以下のような作業がある．

- ボランティアセンター運営の手伝い
- がれきの撤去，泥出し，家屋の片付け
- 炊き出し，支援物資の仕分け等避難所での活動
- 引っ越しの手伝い，学習支援等暮らしのサポート
- その他（医療・看護・介護等の専門的なサポート，地域的な交流活動，募金など）

■ ボランティアの内容

上記のボランティアの内容のうち，多くのものがどの災害でも求められるが，地震と水害におけるボランティアの特徴や代表的なボランティア作業の例は以下の表1のとおりである．それぞれのボランティアが，多種多様な活動の中から自分を活かせるものを選ぶとよい．

大きく分けて，地震では建物の倒壊におけるがれきの撤去や家屋の片付け等の作業，水害では建物の浸水等における泥出しが主要な作業内容となる．もちろん，地震の際にも，併発した土砂崩れ等に伴う泥出し，水害の際にも建物の倒壊等に伴うがれきの撤去や家屋の片付けはあり得る．

表1　地震と水害におけるボランティアの一例

	地震	水害
災害の特徴	建物の倒壊や家具の転倒等が起こる	河川の氾濫，浸水，土砂の流れ込み等が起こる
特徴的なボランティア作業	がれきの撤去，家具の片付け等の建物の倒壊等における掃除	泥出しや家具の洗浄と乾燥等の建物の浸水等における掃除
共通のボランティア作業	ごみ出し作業，炊き出し，支援物資の仕分け等避難所での活動	
	その他，上記の福祉関係	

4-7 災害種ごとのボランティア活動の実例

奥田哲士・水原詞治

> 災害の大きな分類としては，地震，土砂災害，水害が代表としてあげられるが，それぞれの災害によって特徴的な廃棄物にかかわるボランティア活動があるため，その内容を理解しておきたい.

地震 (東日本大震災) [16]

東日本大震災の被災地においては，初期段階では，被災家屋のがれき除去や清掃，救援物資の仕分け作業等のボランティア活動が実施されており，地震では家屋のがれき撤去や掃除といった内容が重要な活動となっていた. その後，被災地で求められる活動が被災者の引っ越しの手伝い，見守り活動や地域の交流活動等に変化しており，発災後の経過期間によりボランティア活動の内容も変わっていた.

土砂災害 (広島土砂災害) [26]

土砂災害の例として，2014 (平成26年) の広島でのボランティア活動の主な内容は，家屋や床下に入りこんだ土砂の撤去，土砂で汚れた家具の清掃等であり，水害系では泥出し，建物の浸水における掃除といった内容が重要な活動であったとされている. もちろん，発災直後，多くの住民が行方不明になった場合，初期には捜索活動される場所があるため，ボランティアの活動区域が限られる場合もある.

水害 (平成30年7月豪雨)

2018 (平成30) 年の西日本を中心にした豪雨❶での主なボランティア活動は，家屋の土砂のかき出し，集めた土砂の土嚢袋つめ (土砂撤去)，土嚢袋の集積所への運搬補助等であり，水害系ではやはり泥出しが重要な活動となった. 水没した畳や家具等は水が引くとすぐに，洗浄・乾燥や廃棄のために屋外に出したくなることも特徴である.

❶　平成30年7月豪雨のボランティア活動時は真夏であり，休憩を多めにとり活動時間を短くする等の熱中症対策が重要であった. ボランティア活動の際は無理をせず，体調管理には注意する必要がある.

図1　平成30年7月豪雨時のボランティア活動風景 (龍谷大学ボランティア・NPO活動センター提供)

4-8 ボランティアへの参加方法，心構えと準備

奥田哲士・水原詞治

ボランティア種によって多少異なる部分もあるが，ボランティアへの参加方法や心構え，VCでの当日の流れ，事前に準備しておくべきことや服装は共通している．

■ボランティア参加方法 [18, 21, 24, 25]

一般的な災害ボランティアへの参加方法は，災害時に被災地に立ち上がる災害VCへ申し込みをすることである．災害VCは，被災地の社会福祉協議会を中心にNPO団体や行政等で運営され，被災地でのボランティア活動を円滑に進めるための拠点である．

災害VC（4.4参照）では，発災後，被災地の状況等を確認し準備を行った上で，ホームページやSNSを通じてボランティアの募集が行われる．個人で参加する場合も，地元の社会福祉協議会やNPO等の団体を通じて参加する場合においても，募集内容をよく確認することが必要である．

■当日の流れ [8, 24, 25]

一般的なボランティア活動の当日の大まかな流れを図1に示す．

活動に参加するボランティアは，VCで受付を行い，ボランティアのニーズに基づくマッチングが行われ，ボランティアの作業に必要な資機材❶をもらって現場に向かうという流れとなる．この間，活動内容や活動にあたっての注意事項等に関するオリエンテーションの実施やボランティア向けの資料が配布される．また，個人参加のボランティアは，集まった個人ボランティアでチームをつくり，割り当てられた作業を行うこともある．派遣先でボランティア活動を行い，活動終了後は災害VCに戻り，その日の活動内容の報告を行う．

❶ ここでいう必要な資機材とは，スコップ等を指す．マスクや手袋等は災害VCでは数が限られているため，自分で用意可能なものはできる限り準備しておく必要がある．

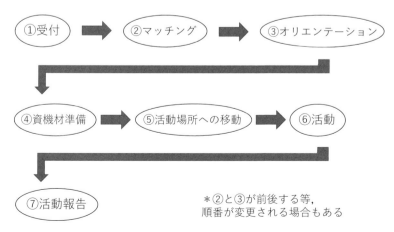

図1 一般的なボランティア活動当日の流れ

①受付 → ②マッチング → ③オリエンテーション → ④資機材準備 → ⑤活動場所への移動 → ⑥活動 → ⑦活動報告

＊②と③が前後する等，順番が変更される場合もある

なお，作業内容が急遽変更になる場合もあるため，現場で臨機応変に対応することが必要となる．

■ 心構え[8, 24, 25]

災害ボランティアに参加するにあたり重要なのは，ボランティア活動期間中に必要なものは自分自身で用意することである．また，災害ボランティア活動は，重労働の場合もあり，がれき等ケガのしやすいものが多く，夏場の作業では熱中症の危険もあるため，休憩を多くとり，こまめに水分補給をする等の自己管理が必要となる．

あと1つ，忘れてはならないのが，被災地・被災者への「配慮」であり，被災地でむやみに写真を撮ることは控え，行動や言動には細心の注意が必要である．

これらのようなきめ細かい配慮とは対極ともいえる例として，「モンスターボランティア」という人，言葉もあるようだ．ボランティアや団体が宿や金品を要求しないことは大原則だが，被災者の気持ちを少しも想像できず，観光気分等で作業地において身勝手な行動をする人等は，被災者だけでなく多くの献身的に活動をされるボランティアの方をも傷付けるので，あってはならない．（文献[29]，2016.4.29記事）

■ 参加するにあたって必要な事前準備[24, 25]

災害ボランティア活動に参加するにあたっては，災害ボランティアの募集内容や被災地の情報を集める等の事前準備**❷**が重要である．食料や道具等は被災地で調達できるかはわからないため，身の回りのものは事前に準備しておくことが必要となる．また，遠方からボランティアに参加する場合は，宿泊先が必要となろう．団体を通じて参加する場合は，ボランティアの宿泊先が手配されている場合もあるが，個人で参加する場合は自分で手配する必要がある．そのため，事前にインターネットやSNS等で情報を入手しながら宿泊先の確保に努める必要がある．あわせて，ボランティア活動保険に加入しておくとよい．これは，ボランティア活動中に発生する様々な事故の補償をする保険であり，社会福祉協議会の窓口で加入することができる．安心して活動するためにも，忘れずに加入しておきたいものである．

作業中の服装，装備はボランティアの作業内容によって変化する．炊き出しであれば，帽子，マスク等衛生面の管理に気を付ける必要がある．衛生面の管理に関係して，インフルエンザ等の感染症への配慮も必要である．事前に検査をする，体調が優れない場合はボランティア活動への参加を控える等，感染症予防に配慮した行動が求められる．泥出し等であれば，けが防止のため安全面の管理や適切な服装・装備（カラーページ参照）が必要である．余裕があれば，必要なものを忘れてくる仲間用の予備も持って行きたい．

❷ 事前に把握しておきたい情報は，災害ボランティアの募集，被災地の状況確認，公共交通機関の運行状況等である．これらは，被災地の自治体のウェブサイト，社会福祉協議会のウェブサイト等で情報を得ることができる．

4-9 ボランティアと情報

奥田哲士・水原詞治

「ボランティアの受け入れ」については先に述べたように，社協等が災害VCの開設準備を行い，ホームページやSNSを通じてボランティアの募集を行う．ボランティアの募集に関して，どのような情報が出されるか，事例を知っておくとよい．

■ボランティアの募集時期と情報媒体

　熊本地震の際には，発災翌日の2016年4月15日に「全社協 被災地支援・災害ボランティア情報」にて「熊本地震（第1報）」が出され，熊本県社会福祉協議会による「熊本県災害VC」の立ち上げ，全社協による状況確認等が報告された．同日夜には第2報が出され，「熊本市災害VC」の開設とボランティアの募集が開始された．ただし，このときは「熊本県内の方に限る」という募集であった．しかし，翌日16日未明の地震（本震）発生に伴い，第3報が出され，「熊本市災害VC」の開設延期が報告された．その後，19日の第7報で「菊池市災害VC」の開設と宇土市社会福祉協議会から仕分けや避難所支援のボランティア募集が出され，以降，益城町や南阿蘇村，熊本市等で災害VCの開設とボランティアの募集が出されている．

　以上のように，募集が開始される時期は被災状況により様々であり，災害の種類（地震，水害等）によっても変わるため，全国社会福祉協議会や現地の災害VCのウェブサイトを中心に，日々の情報の更新を確認する必要がある．

■平時と災害時の廃棄物区分

　災害が発生すると，がれきや木くず，土砂等，様々な廃棄物が出る．これら災害に伴って発生する廃棄物を災害廃棄物というが，災害廃棄物は通常時の生活に伴って発生する一般廃棄物とは異なる区分で収集される（1-2参照）．実際の災害時にどのような分別が行われていたか，実例を2件，以下に示す．

熊本市（熊本地震）[11]

・一般廃棄物（家庭ごみ）の分別方法

　燃やせるごみ，埋立ごみ，大型ごみ，紙，資源物，ペットボトル，プラスチック製容器包装，特定品目の8種類

・災害廃棄物の分別方法

　コンクリート類，木くず，瓦くず，金属くず，混合ガレキ（土砂混じりの解体残さ，可燃物，不燃物等），その他■（家電4品目，処理困難物等）の6種類

■ 家電4品目はテレビ，エアコン，洗濯機・乾燥機，冷蔵庫・冷凍庫，処理困難物はソファ，廃タイヤ，太陽光パネル等.

・一般廃棄物（家庭ごみ）の分別方法

燃やせるごみ，資源ごみ，埋立ごみ，使用済乾電池，粗大ごみ，特定家電品，引越ごみ，事業ごみ，市で処理しないごみ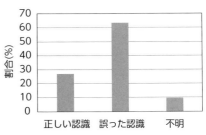の9種類

・災害廃棄物の分別方法

木くず，布団，ソファ・ベッド，畳，その他可燃物，不燃物，金属くず，ブロック・瓦，コンクリートがら，家電5品目，小型家電，混合廃棄物，土砂混じりがれきの13種類

このように自治体，災害種により通常時の家庭ごみの分別方法，災害廃棄物の分別方法ともに様々である．ここで注意が必要なのは，災害時は多くの場合「一般廃棄物に加えて，災害廃棄物という区分ができる」ことである．ボランティア活動時に直接的に廃棄物の分別に携わる機会は少ないが，家屋の片付け時に家屋内の廃棄物を搬出する可能性もあるため，ボランティア活動に参加する際は，被災地の家庭ごみの分別方法，災害廃棄物の分別方法を事前に確認しておくことが必要である．

▌廃棄物に関する情報媒体と認識

災害時は一般廃棄物に加えて，災害廃棄物という区分ができることから，ボランティア参加者は正しいごみ区分を認識しておく必要がある．筆者らの調査では，ごみ区分に関する情報は様々な媒体から入手可能で，ボランティア参加者の約9割になんらかの情報が伝わっていることから，ごみ区分に関する情報の入手は難しくない．しかし，ごみ区分を「正しく」認識しているか，すなわち正しい情報を理解されているかについては，正しく認識（一般廃棄物に加えて，災害廃棄物という区分ができる）をしていたボランティア参加者は約3割と少なく，正確な情報の伝達の難しさが明らかになった．ボランティア参加者に正しいごみ区分が伝わるように情報伝達の精度を高める必要があるとともに，情報の発信側が平易な表現や説明を心がける等も必要であろう．

❷ 倉敷市の市で処理しないごみに該当するのは，タイヤ，バッテリー，ブロック・れんが・瓦・石・砂・土等．

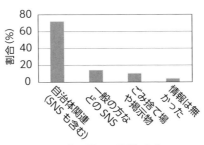

図1 ごみ区分に関する認識（ボランティア）（龍谷大学によるアンケート調べ）

図2 ごみ区分に関する情報媒体（ボランティア）（龍谷大学によるアンケート調べ）

4-10 ボランティア作業時に注意すべきものや状況

奥田哲士・水原詞治

これまでに述べたように，ボランティアが携わる作業は様々であり，かつ災害によって排出される廃棄物も様々である．有害なものや危険なもの，また，おもいでの品が出てくる可能性もあり，取り扱いには注意しなければならない.

▌有害物，危険物[23]

表1には，災害廃棄物分別・処理実務マニュアルで記載されている有害・危険製品を示す．これらの製品が災害時に排出された場合，適切な収集・処理が行われずに放置される要因となり，環境や健康に悪影響を及ぼし，災害復興の障害になる可能性がある．前述した水害時の土砂や泥出しの作業中に，これらの製品が混入している可能性もあるため，ボランティア作業時の有害物品や危険製品の扱いには留意する必要がある❶（4-7参照）.

▌危険性と事故の例

有害，危険製品での事故の事例として，2016年の熊本地震の災害廃棄物の収集時にガス缶・スプレー缶が原因と思われるごみ収集車両の火災が，熊本市の第33回災害対策本部会議資料にて報告されている．その危険度は，2018年12月に北海道のとある事務所内で，大量の未使用のスプレー缶の廃棄作業をしている際に爆発事故が発生した際のニュースなどからも理解できる．災害時にはとくに，有害，危険性のある物品の適切な取り扱いが求められる．カーバッテリーやニッケル・カドミウム電池等の電池に加え，リチウムイオン電池等も問題になるだろう.

▌有害物や危険物の処理[10]

有害，危険製品が実際の災害時にどのようにして処理されたか，一例を示す．熊本地震の際には，仮置場にガスボンベ等の危険物や太陽光パネル等の処理困難物が搬入され，市区町村では，熊本県産業資源循環協会や地元事業者等から情報を得ながら処理先の確保に努め，県においても，市区町村からの問い合わせに応じて，表1のような処理方法等の情報提供が行われた.

❶ 筆者のある調査（[28]によると，排出される可能性のある量（被災者へのアンケート結果）とそれぞれの危険性や有害性を掛け合わせた相対評価では，時期にもよるが灯油やてんぷら油，各種スプレーやボンベの危険・有害性が高かった.

❷ 有害・危険製品は，平時も「適正処理が困難なもの」に分類され，自治体で収集・処理しない場合が多い.

表1　有害・危険製品❷ [23]

区分	品目
有害性物質を含むもの	廃農薬類，殺虫剤，その他薬品（家庭薬品ではないもの）
	塗料，ペンキ
	廃電池類（密閉型蓄電池，ニッケル・カドミウム電池，ボタン電池，カーバッテリー）
	廃蛍光灯，水銀温度計
危険性があるもの	灯油，ガソリン，エンジンオイル
	有機溶媒（シンナー等）
	高圧ガスボンベ
	カセットボンベ・スプレー缶
	消火器
感染性廃棄物（医療用）	使用済み注射器針，使い捨て注射器等

図1　被災地の仮置場で可燃物の側に置かれた灯
　　　油缶（著者撮影）

表2　県から情報提供を行った処理困難物の処理方法等（平成28年熊本地震における災
　　　害廃棄物処理の記録より）

処理困難物の種類	情報提供の内容
LPガス容器	・販売店に連絡し回収を依頼 ・販売店が不明な場合は熊本県LPガス協会へ連絡
消火器	・消火器リサイクル推進センター指定の「指定引取場所」への直接持込み ・同センター指定の「特定窓口」に連絡し回収を依頼
太陽光パネル	・保管方法，処理事業者の紹介および回収の調整
廃塗料，廃有機溶媒	・（一社）熊本県産業資源循環協会を通じた処理事業者の紹介
廃農薬	・農業協同組合に連絡し回収を依頼 ・（一社）熊本県産業資源循環協会を通じた処理事業者の紹介
廃カーバッテリー	・（一社）熊本県産業資源循環協会を通じた処理事業者の紹介

■ 災害廃棄物の行方

　災害廃棄物に携わったボランティアの方は，分別や排出したごみの行方が気になるかも知れない．災害廃棄物は災害時とはいえ，リサイクル等に有効利用[3]される．そのためにも，種類や方法は変わるかも知れないが分別等が重要となる．

　ただ，その中には意図せずごみとして排出された被災者，とくに亡くなった方の大切な思い出をもつ「おもいでのしな」[7]（おもいでごみ）があり，こちらは持ち主や親族に返さねばならない．家屋の片付けや家財の整理等のボランティア作業中，または，仮置場等で遺留品が出てくることがある．これは被災者の方にとって非常に大切な品であることから，取り扱いに注意が必要である．実際の災害時にどのような取り扱いがされたか，広島土砂災害時の例についての参考として，以下に「平成26年8月豪雨に伴う広島市災害廃棄物処理の記録」からの抜粋を示す．

■ 広島土砂災害におけるおもいでのしな

　「一次仮置場や中間処理施設での選別時に発見された物のうち，遺失物以外で原形を留めている物は，おもいでの品として洗浄・保管され，アルバム（各物品について，写真と発見場所等の情報がまとめられている）にまとめ，閲覧できる管理体制がとられた．中間処理施設内に「おもいでの品預かり所」が設置され，閲覧・返却できるようにするとともに，被災地の区役所等

[3]　災害時とはいえ，環境省等も各種有効利用を推奨しており，調査によると，災害廃棄物の再生利用率（発生重量に対する重量比）は，東日本大震災において平均で約82％，そのうち量の多かった4つの都市では73～88％の幅があった．

図2　広島市災害廃棄物処理業務における預かり所内のおもいでの品写真集 [2]

にもアルバムを置き，市のホームページにリストを掲載する事に加え，定期的に臨時のおもいでの品預かり所を開設し，所有者への返却[4]に努められた.」(「平成26年8月豪雨に伴う広島市災害廃棄物処理の記録」から抜粋)

なお，広島土砂災害時は，ぬいぐるみ，かばん等もおもいでの品として取り扱われた[17].

ボランティア側からみたら不要品にしか見えないものでも，被災者にとっては大事なものがあるかもしれないため，ボランティア作業中にそのような品物を見つけた場合は，捨てる前に所有者に確認してもらうことがよい.

[4]　平成26年8月豪雨（2014年）に伴う広島市災害廃棄物処理の記録によると，2016年3月15日の段階で発見された遺失物・おもいでの品2716件のうち129件が返却されている.

4-11 災害廃棄物排出にかかわる季節，災害種の影響

奥田哲士・水原詞治

自治体，災害種により通常時の家庭ごみの分別方法，災害廃棄物の分別方法ともに様々であるが，災害が発生する季節や地域によって排出される廃棄物の種類・量が大きく変化する場合（物品）がある.

❶ 危険物ではないが，地域性で特異的なものの一例として「水産廃棄物」がある（3-10参照）. 東日本大震災において，水産加工場の倒壊により水産物が多量に流出し，腐敗により悪臭・害虫発生等環境衛生が悪化する事例があった. 災害によっては，このような地域特有の廃棄物が発生する可能性があることに留意する必要がある [4].

❷ 土砂等の搬出時には土嚢が使われる. 質の悪い土嚢の場合，細かくちぎれた土嚢の繊維が土砂と分離しにくい場合がある.

季節の影響

　季節，地域性❶があり，かつ危険物として考えられるのが「灯油」である. 季節という点では，灯油はもちろん，保持量が夏に少なく冬に多い. 地域性という点では，四国，九州等のように比較的暖かい地域では保持量が少なく，東北，北海道等の雪の多い地域では保持量が多いと考えられる. 筆者らの調査ではそのような傾向について，図1のような（購入量ではなく）保持量を定量的に捉えた. 灯油のような危険物については，火災の危険性も高いことから，季節，地域による保持量，またそこから予測される排出量の違いにも注意したい.

災害種の影響

　災害が発生する季節や地域によって廃棄物種・量は変化する可能性があるが，災害種によっても変化する可能性がある. 地震では建物の倒壊におけるがれき，コンクリートや家屋の片付けごみ等が多くなり，水害では土砂がまじったごみや浸水した家具が多くなる❷.

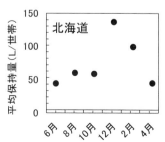 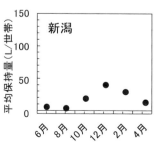 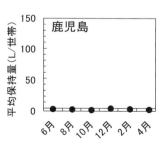

図1　各地の灯油類の平均保持量（龍谷大学によるアンケート調べ）[1]

4-12 有効な受援のために被災者（住民）ができること

奥田哲士・水原詞治

災害ボランティアは被災者にとって大きな力になるが，行政や災害VCの受援体制の強化は，ボランティアの力を効果的，かつ最大限受け止めるために非常に重要である．もちろん，被災者もできるだけ受援力を高めておくのが望ましい．

■ ボランティアの理解[18]

　ボランティアの力が十分に発揮できていない場合の背景の1つには，「本当に手伝ってもらっていいのか？」「どこまで頼んでよいのか？」「自分だけお願いするのは気が引ける」といった不安や戸惑いがあるかもしれない．ボランティアの力を，被災地の復旧・復興に活かすためには，まずボランティアを受けるべき人たちが，受けるべき支援をきちんと理解することが大事ともいえる．そのためにはまず，ボランティアの作業内容，つまり一般的に支援してもらえる内容■について理解を深めることが重要である．

■ 住民の平時の取り組み[18]

　内閣府では，被災したときに支援を受ける側の視点で，「地域の『受援力』を高めるために」という，「防災ボランティア活動とはどのようなものか」，「ボランティアを地域で受け入れるための知恵」等をまとめたパンフレットを作成している．これは内閣府のホームページ「防災ボランティア関係情報」からダウンロードできるが，災害VCや民生委員等の日頃の取り組みを見逃さないことや，住民しかわからない情報の提供の重要性が述べられている■．これらの取り組みは，単に受援力を高められるだけでなく，地域内のつながりや助け合いを深めること，さらに発災後に地域外から参加されるボランティアとのつながりをつくるきっかけにもなる．可能であれば，行政とのかかわりの個所で紹介した「リーダー」等を増やすことは，受援力向上に大きく貢献するので，多くの方に手をあげていただきたい．

■ 発災後の情報発信

　被災地の外から集まるボランティアの人たちは，被災地の土地勘や被災地が求めているものが何かはわからない．被災地側から，どのような状況なのか積極的に伝えることが地域の「受援力」を高める一歩といえる．とはいっても，経験がないと，実際のボランティアの受け入れ時には，いろいろと気を遣う方も多いかも知れないが，被災者が積極的に情報発信することは重要である．

　関連して，ボランティアにお手伝いをお願いする際には，自分の家だけでなく，回りの状況やだれが困っているのか等「地域の状況」をできるだけ具体的に伝えることも重要となることがあり，そのための情報収集も有用である．被災された方々のボランティアに対する自発性と共感力は，効果的な支

■　龍谷大学によるアンケート調べでは，ボランティアのごみに関する活動内容は土砂やがれきの移動，選別，ごみの移動，分別等であった．ボランティアが可能な内容についての周知を十分にすることも重要であろう．

■　概要として，次のようなことが効果的と述べられている．
・被災地外からやってくるボランティアは被災地の土地勘がないので，地域の情報整理をしておく．
・地域によっては，災害VCを実際に設置する訓練を行っている場合がある．地域内でお互いに顔見知りになっておくことやボランティアがどういう活動をするのかを知っておくのも大事である．
・災害時に手伝ってもらえる相手がだれかを把握しておくために，地域の民生委員・児童委員では，事前に確認しておく取り組みが行われている．

援につながる．

■ 他の注意点

　ボランティアのほとんどの方は，困っている人を手助けしたり人の役に立ちたいと思っている人たちだが，残念なことに金品を要求したり窃盗が疑われることもあるようである[3]．これと関連して，筆者が被災地で聞き取り調査をしていると，ボランティア終了後に貴重品がなくなった，という話を耳にしたことがあった．見知らぬ人が家を出入りすることになる場合，通常ならあたり前のことであるが，ボランティアを受ける側としては，財布や高価な時計等の貴重品はあらかじめ金庫等にしまうことも忘れないようにすべきである．なお，使用する道具についてボランティアが意図せず，つまり間違って持って帰ることもあり得るので，家の物には名前を書いたりテープを貼る等して容易に見分けられるようにすべきである．作業をして疲れ切ったボランティアが，間違えて持って帰った道具に途中で気付いて戻ってきてくれた，などは申し訳ない．

　このようにボランティアは，原則として，被災地に負担をかけないよう，宿や水はもちろん，食事，道具等の準備を各自で行うので，それらの提供や報酬等も必要ない．道具も，被災者の自宅のものを追加で使ってもらってもよいが，基本的には災害VCが行うので心配はいらない．ただトイレについては作業場所の近くにあることが望ましく，災害VC等の派遣先とあらかじめ打ち合わせしておくとよい．

　受け入れをすることになったら，自治会・町内会，民生委員・児童委員等の地域の実情に通じた地域のリーダーの人たちは，地元のボランティアとともに，パイプ役を務めて地域に紹介するとスムーズに進む[4]．

[3]　交通費，必要資材の購入，貸し借り等を含めて，どんなことでもお金のやり取りをすることはなく，さらに宿泊や飲食等を要求することも，ボランティアをする方にも禁じられているので，被災者もそれをよく理解し，万一求められても断るべきである（4-8参照）．

[4]　実際に聞いた例では，同じように支援を申請していても（実はルートや訴え方が違うのかもしれないが），ボランティアにきてもらえた家とそうでない家が近接していると，ご近所トラブルのもとになる，という例もあるようだ．また，大学等の学校からの派遣の場合，安全の確保が最優先されるため，ほかのNPO経由の団体の場合は可能な作業内容であっても，断わらざるを得ない場合もあるという．相手の立場や可能な内容をよく確認，相談して受け入れることが必要である．

4-13 行政の受援力

奥田哲士・水原詞治

> 支援を最大限受け止めるためには，支援の強度だけではなく，ニーズとのマッチング，さらに，支援を受ける受援力が大きく影響する．その中には行政ができること，すべきことも多くある．

平時の受援力向上への取り組み

　行政には国から，発災後の廃棄物回収・処理に関連した計画やマニュアルの策定，業務についての訓練を中心とした準備が要請されており，各自治体で対応が進められている．そこには，発災後の組織体系や担当（者）を決めておくことや，業務の想定等が含まれる．想定される業務としては，廃棄物に関連の深いものでは，災害廃棄物の種類ごとの発生量の推定，仮置場の選定，住民への情報提供，回収や仮置場の運営等があり，家庭からの排出に関係するボランティアに関連しては，災害VC等のスペースや資機材等の提供，執務環境の整備，宿泊あっせん等がある．それらをできるだけ具体的に想定したり[1]，マニュアル化しておくこと，各種訓練や災害VCとの意見交換等も大切である．住民が防災や廃棄物処理計画やマニュアル作成等にも関心をもつことで，行政の事前準備がいっそう進むと思われる．

発災後の行政の関連業務と受援

　大規模災害では発災後，多量の災害廃棄物が一度に発生し，非日常的，かつ速やかな対応[2]の必要性から，ソフト的な管理業務について業務量の大幅な増加が起こる．その際には行政の担当者が被災する場合もあり，被災の規模が大きい場合は，ほかの市区町村や各種の有志（団体）から職員や物資の応援を受けたり，災害廃棄物やその処理物の受け入れ等の支援を受ける．

　このような受援については，災害対策基本法（第四十条）[3]において，都道府県および市区町村の防災会議に受援への配慮，受援計画の策定が求められている．法律の有無によらず，人的・物質的援助とニーズの，量的・時間的なマッチング（効率化）を少しでも向上させることが，迅速かつ力強い復興へつながることは明白なので，行政は，被災者に対してはもちろん，ボランティアにも耳を傾ける努力をし，そのための受け皿づくりや計画策定とその実行や情報提供を行う．住民としては，機会があれば行政に要望を伝えたり各種の案内に耳を傾ける（情報を積極的に入手する）ことが，より効果的な施策や計画，力強い実行に繋がるだろう．

[1]　環境省中国四国地方環境事務所を事務局とする「災害廃棄物対策中国ブロック協議会」および「災害廃棄物対策四国ブロック協議会」では，平成30年7月豪雨を受けて，応援職員がきた場合に支援してほしい業務を時系列で整理したあらかじめ「してほしいことリスト」を作成しておくことという提案をしている．

[2]　発災後の住民の被災状況，処理施設の被害状況，被災者のニーズや使用可能設備や物品の状況等を，迅速かつ正確に収集し，それらをもとにした災害廃棄物発生量の推定，処理計画の策定，仮置場の開設や廃棄物収集，ボランティア活動のコーディネートといった災害廃棄物にかかわる「業務の計画と実行」，さらに関連した情報の迅速かつ的確な「発信・伝達（広報）」等多様な業務が求められている．

[3]　都道府県防災会議は，防災基本計画に基づき，当該都道府県の地域に係る都道府県地域防災計画を作成し，および毎年都道府県地域防災計画に検討を加え，必要があると認めるときは，これを修正しなければならない．この場合において，当該都道府県地域防災計画は，防災業務計画に抵触するものであつてはならない．

4-14 課題や取り組み事例

奥田哲士・水原詞治

受援やボランティア活動に関連した問題点，逆に先進的な取り組みに触れることは，受援力に限らず，力を高める近道である．災害廃棄物に関連しても，様々な改善，チャレンジが行われているので，平時に多くの課題や善例に触れていただきたい．

▶ 難しい問題（課題）

トイレが壊れたり，上下水道が寸断されたりした場合等は，数時間以内に必要となるので，通常は支援では間に合わず，コストもかかるので行政が事前にどれだけ準備できるかが決め手となろう．仮設トイレを下水につなげられない場所に，汚物回収の手配が間に合わずに行い，数日後には仮設トイレが使用できない状況に陥った，という話もあるので注意が必要である．関連して，時期的なマッチングも含めて，被災者のニーズに合わない支援物資はごみを増やし，逆に迷惑となることもあることが知られている．災害VCでは，経験の蓄積やIoTの活用等でマッチングは向上しているが，送る側（支援する方）は注意が必要である．支援の際は，過去の災害の問題事例等を調べて，問題を繰り返さない努力にも期待したい[1]．

ニュース等でも伝えられることが多いが，被災地域の仮置場に，ひどい場合には道路等に周りの地域から災害と関係ないごみを持ち込む不法投棄，便乗ごみ（持ち込みごみ）もみられる．言うまでもなく，これらは許されない行為である．被災者やボランティアがそのような行為に巻き込まれないよう行政が率先して対応すべき問題だが，対応はかなり難しい．本質的にはモラル向上が必要だが，被災地においてもほかの行政や警察等による巡回といった支援も考えられる．

関連しては，被災者が指定された場所以外への災害廃棄物の投棄や野焼き

[1] 普段の生活ごみでも問題になることがあるが，重労働ができない女性や高齢者，日本語が読めない外国人の災害廃棄物への迅速な援助も課題である．災害廃棄物に限ったことではないが，とくに外国人対応の場合，普段の準備の際に情報や案内を英訳しておく等で大きな改善が期待できるかもしれない．大変なときにこそ，社会的弱者に手を伸ばすシステム作りが必要である．

図1　平成30年7月豪雨時に自然発生したごみの山（筆者撮影）

はあってはならないが，やむを得ないという境遇も理解できる．しかし，そうならないように，ごみにかかわる行政がスピード感を持って適切な回収を行うべきである．ただ被災者がライターや中身の残った灯油缶，カセットボンベのような発火や爆発の恐れのある危険物（4-10参照），農薬等の環境汚染につながる有害物を災害廃棄物に混ぜたり，指定場所以外に捨てることは，自身およびほかの被災者の安全を脅かしたり復興の妨げに繋がる．可能なら落ち着くまで自宅で安全に保管する等も検討すべき場合があろう．

■ よい取り組みの事例

京都府等の自治体では，社協や諸団体と協議して，平時から災害VCを常設している．滋賀県でも，災害ボランティアに関する情報提供，相談等を行い，災害ボランティア活動の支援を行うことを目的として，平時から人材育成や訓練を行い，災害発生時には非常事態体制に移行する施設を常設しているようで，日頃できていないことは災害時にはできない，という原則からも，よい例である．

東日本大震災時に，岩手県では都道府県域での効果的な取り組みができていたといわれているが，「防災のために集まった訳ではなかったから」という点が，その要因の1つであったとのことである．防災のための取り組みは，いつ起こるかわからない災害を想定しているため，継続へのモチベーションが低下しやすく，平時に地域課題の中に防災も取り入れ，その対応・課題解決のためのネットワークに行政・社会福祉協議会・NPO等の多様なセクターがかかわることで，取り組みを継続することができ，そのつながりが災害時に活きることもあるようである[19]．

また，従来は災害VCが担っていたボランティア・コーディネーションの役割に加え，それぞれの強み・専門性を活かして災害VCの外で展開するものが出てきているが，そのうち熊本地震での「火の国会議」（2016年）等のNPO・ボランティア等の活動を調整する「中間支援機能」が注目されている❷．

■ さらに先へ

復興計画や新しいまちづくりに，行政や地元の住民だけでなくボランティアも参画することで，よりよい計画やまちづくりになる場合もあるようで，専門家がボランティアとして被災地の再建を支援している例もある[18]．被災者は余裕があれば，避難所での暮らしや家屋の片付け等でかかわった人やボランティアに手紙等で近況を伝えると，かかわった人たちにとって嬉しいだけでなく，被災地の生きた情報発信になり，現状の周知につながるだろう．筆者の大学でボランティアに参加した学生もそのような経験があるようであるし，ある調査[27]ではボランティアの支援を受けた被災者は，別の災害のボランティアに参加する傾向がある．ボランティアを通じた縁とは素敵である．❸

❷ とくに被害規模が大きくなるほど，数多くの支援団体間の調整を行政職員が行うことは困難となるので，被災地でのコーディネーションに長けた中間支援組織が，地元のNPO等の支援団体や行政機関と連携して様々な支援活動を調整することが解決策の1つとなろう［27］．

❸ その地域の情報であっても，ボランティアに情報を持参してもらう等が有効な場合もあるかもしれない．初期の混乱期や余裕がない時期においては，被災地では得にくい情報や，錯綜している情報，ある事柄について過去のほかの災害ではどうしたのか等を調べて持参してもらう，「情報のお土産」等はどうであろう．

災害種ごとの
ボランティア活動時の注意点

安富　信

　ここでは，川の氾濫による水害，津波を伴う地震，直下型地震の3つの災害をとりあげ，それぞれボランティア活動時の注意点を考える．

》》水害

　ボランティアの活動は主に，床上まで浸かった水が引いた後，まず水に浸かった家具や畳を外に運び出し，床下に溜まった泥を除去する作業が主体となる．

　住宅の広さにもよるが，例えば，60坪（約200 m²）程度の住宅でも，床下に溜まった泥を完全に除去するには，大人10人でまる1日以上かかると考えてよいほどの重労働だ．さらに，土砂崩れで多くの土砂や樹木が住宅内に入り込んでいるケースでは，より多くの人手と時間が必要だ．畳や家具を運び出して乾かしている間に，床拭きをするのだが，これは何度拭いても砂が浮かび上がってくる．そうして乾いた後に，消毒剤を散布しなければならない．

　また，水害は，ほとんどが梅雨時から真夏，そして秋に入った台風シーズンに頻繁に発生するため，水害が起きた翌日からは，猛暑というケースも多い．熱中症やけがを防ぐためにも，休憩時間をしっかり取って，昼休みはゆっくりとご飯を食べて，作業にかからなければならない．決して，自分の力だけで，この現場を復旧させるのだという気持ちは持たなくてよい．

　また，被災地でのボランティア活動をする際にも，ごみ出しのルールを知っておいた方がよい．2017年7月の九州北部豪雨や2018年7月の西日本豪雨で，筆者がボランティアに訪れた福岡県朝倉市杷木（図1）や岡山県倉敷市真備町等では，運び出した災害廃棄物をどこに出したらいいかわからない状態が続き，道路脇に高く積まれているケースが目立った．

》》津波を伴った地震

　2011年3月の東日本大震災では，数十分から数時間後までの間に，多くの地域に大津波が襲った．この地震では，遡上波も入れると最大で30 m以上の津波が襲い，遡上距離は10 kmを超えた地域もあった．

図1　近くの川が氾濫し，大きな被害が出た福岡県朝倉市杷木でのボランティア活動
（2017年撮影）

こうした地区のボランティア活動は，水害のケースによく似ている．まず，水にやられた住宅のケアだ．一般的に，津波の勢いは水害の河川溢水に比べるとはるかに強く，住宅が津波によって押し流されているケースが多い．このため，被災から時間が経っていないときのボランティア活動は，住宅後や道路，側溝等に溜まった土砂を取り除く作業が多い．その後で，津波から残った住宅1戸1戸のケアだ．よって，水害より長期の作業が必要となる．

》》 直下型地震

　1997年1月の阪神・淡路大震災や，最近では2016年4月の熊本地震等がある．大きな揺れで，傾いた住宅の中に残った家具や壊れた食器その他を運び出す作業（図2）が主だ．このボランティアの最大のポイントは，危険な作業を伴うということだ．地震により多くの建物が，立ち入り禁止（赤い貼り紙）か立ち入り注意（黄色い貼り紙）だ．通常，立ち入り禁止住宅ではボランティア活動はできず，立ち入り注意の住宅でも，応急危険度判定士ら専門家の指導のもとで活動する．

　立ち入り注意の住宅内でボランティアが活動している際に，余震がくることもある．余震で建物が崩壊する恐れもあり，大けがや場合によっては生命の危険に瀕することになるため，十分な注意が必要だ．

　これまでの経験から言えば，直下型地震の際には，比較的早く，災害廃棄物の仮置場が設置され，住宅から出たごみを軽貨物自動車等で運ぶ際も，仮置場に運ぶケースが多かった．熊本地震の西原村でもかなり広大な仮置場が設置されており，粛々と災害廃棄物が収集されていた．

図2　熊本地震での被災地でボランティアをする大学生たち（2016年5月撮影，熊本県西原村）

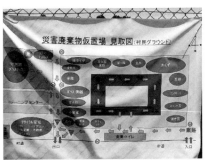

図3　熊本地震で災害廃棄物の仮置場となった，西原村の公用地（2016年撮影）

「お互い様文化」をあえて甘受しよう

安富　信

　ボランティアであちこちにお邪魔すると，「ボランティアさんにきてもらって，『もったいない』」という言葉をよく聞く．

　2014年8月中旬，兵庫県丹波市を中心に襲った豪雨災害で，筆者は神戸学院大学社会防災学科の学生たちとボランティアに入った．ある古い民家にお邪魔したとき，お昼の休憩時に，その家の初老の女性と雑談したときにも聞いた．「ボランティアさんが今日くるといわれるので，私は昨日一晩中，家の中をきれいに掃除しました．（働いてもらうのが）もったいないから」．ぽつりと漏らした一言に思わず笑ってしまい，そして，考え込んでしまった．

　同じようなことが，2年後の熊本地震の熊本県西原村でもあった．ボランティアセンターにくるボランティアの要請が少ないから，一軒一軒回って，ボランティアの「押し売り」をして回っていたときだ．「あの家は全壊かな？」と近づいた．かなり壊れていて，家の中の物が手付かずだった．「奥さん，ボランティアに来ましょうか？」と声をかけると，「えっ，ボランティアってきてもらえるのですか？」．「ええすぐに来ますよ」とやり取りして，10人ほどの学生を連れてそのお宅のボランティアに入った．

　どちらも笑えない実話だ．まだまだわが国では，「ボランティアにきてもらうのは申し訳ない」，「うちは何とかなる」という奥ゆかしい考え方が強い．しかし，私たち神戸の人間は1995年の阪神・淡路大震災の際に，全国から多くのボランティアに来てもらい，復興の大きな力になってもらった．だから，その後に起きた災害では，「あの時はありがとう」，「お互い様やからね」，「今度また助けてもらうからね」という気持ちでボランティアに行く．

　神戸から新潟，東北，熊本と大地震は続き，水害も多発している．これほど全国のどこかで毎年のように起こる大災害．そろそろ，「お互い様文化」を醸成させようではないか．

　また，ボランティア活動で忘れてはならないことがある．それは，災害の結果出たごみやがれきは，最初からごみやがれきではないということ．その家では，大切なおもいでの品かもしれないし，忘れられない物かもしれないのだ．

　2016年の熊本地震の被災地で，ボランティアに行った女子学生がつぶやいた一言がいまも忘れられない．「ボランティアで一生懸命になっていると，ごみを捨てることや，家の中を片付けることに夢中になって，その家に住んでいる人の気持ちをつい忘れてしまっている」．ボランティアをしながら，ほかのボランティアが何の悩みもなく家財道具をポンポンと運び出して，捨てる姿を見て，心が痛くなったという．最終的に災害廃棄物となったごみも，初めからごみではないということをかみしめなければならない．

第**5**部
事前の訓練

5-1 災害廃棄物処理に求められる能力

森　朋子

災害廃棄物を適切に処理するためには，施設や事前計画を整備するだけでなく，実際に災害廃棄物を処理する「人」，すなわち自治体職員を育成することが欠かせない．そこで第5部では，自治体職員を対象とした事前研修について解説する．災害廃棄物の処理に求められる職員の能力は，関係法令や処理技術等に関する知識，事務処理や関係者との交渉等に必要なスキル，物おじせず前向きに業務を遂行するマインドの3つにまとめることができる．いずれも円滑な処理に欠かせない重要な能力である．

災害廃棄物分野における「人づくり」の重要性

災害廃棄物は，市区町村に処理責任がある一般廃棄物であるものの，市区町村が普段から処理している一般廃棄物とは組成や性状がまったく異なる．具体的には，壊れた家屋や家財に起因する木くず，コンクリートがら，金属くず，廃畳や，灯油タンクやガスボンベ等の危険物，処理が困難な廃マットレスや漁網等があげられる．災害時にはこうした様々な廃棄物が一度に発生するのである（1-2参照）．

こうした普段とは異なる性状および量の廃棄物を適切かつ迅速に処理するためには，事前の準備が不可欠である．事前の準備としては，施設に自立稼働システムを導入するといったハード面の取り組みと，災害廃棄物処理計画の策定や協定の締結といったソフト面の取り組みがある．しかし，いくら施設や計画が整っていても，それを動かすのは人と組織であり，普段とは異なった業務をいきなり実行することはできない．また，災害廃棄物処理の内容は災害の種類，規模，発生場所によって様々であり，必ずしも計画等で事前に想定していたとおりには進まないのが現実である．したがって，担当者が自ら考え，適切な判断・行動ができるよう，個人の能力を高めるとともに，組織としての災害対応力を高めていくことがきわめて重要である■．

災害廃棄物処理に必要な知識，スキル，マインド

では，災害廃棄物を適切・迅速に処理するためには，自治体職員にどのような能力が求められるのだろうか？これまでの研究では，必要な能力が「知識」「スキル」「マインド」の3つに分けて整理されている（図1）．

知識

図1の知識については，大きく分けて平時の廃棄物処理にも必要とされる基本的な知識と，災害時にとくに必要とされる知識の2種類がある．

前者には廃棄物処理法や環境影響評価法・条例といった廃棄物処理業務を実施する上で必要となる法制度に関する知識や，地元の廃棄物処理事業者，地理地勢，町内会等の地縁組織に関する地域の廃棄物処理に固有の知識が含まれる．

■ 第5部で記載する内容は国立環境研究所による災害廃棄物に関する「研修ガイドブック1～3［1-3］」に基づいているため，より詳しい内容を知りたい場合は「災害廃棄物情報プラットフォーム（http：//dwasteinfo.nies.go.jp）」の人材育成コーナーを参照いただきたい．

スキル
- ●技術的スキル
- ●想像力，決断・判断力
- ●調整・交渉力，説明力

マインド
- ●タフな心と体，職務への使命感，責任感
- ●相手を思いやる態度，誠意
- ●物怖じしない明るく前向きな態度
- ●柔軟に対応しようという態度

知識

災害時特に必要とされる知識
　災害廃棄物処理の全体像に関する知識，
　災害対策基本法，災害救助法，地方自治法等の災害対応全体の枠組みに関する知識　等

平時の廃棄物処理にも必要とされる基本的な知識（全職位に共通）
　廃棄物処理に関連する法制度の知識
　一廃や産廃の処理に必要な技術的知識　等

図1　災害廃棄物処理において自治体職員に必要とされる能力

　後者には災害廃棄物処理の全体像に関する知識，災害対策基本法や地域防災計画等の災害対応の枠組みに関する知識，災害廃棄物処理事業や施設復旧に係る国庫補助に関する知識，処理事業費の積算に関する知識等がある．

スキル

　図1のスキルとは，知識を情報として知っているだけではなく，物事を実行に移す力を指す．まず，衛生管理，設計監理，積算等に係る技術的なスキルがあげられる．また，とくに災害初期の段階では得られる情報が限られており，処理すべき災害廃棄物の量や中身が見えない中で，場合によっては数十億円〜数百億円規模の予算となる事業の戦略を検討しなければならないことから，将来を予測する力や決断・判断力が重要となる．さらに，処理を円滑に進めるためには様々な関係主体（廃棄物業者，建設・解体業者，被災市民，関係省庁，有識者等）と協働する必要があるため，調整・交渉力や説明力といった対人関係のスキルも求められる．加えて，効率的に情報を集めて整理し，必要に応じて発信する能力も重要である．

マインド

　実際に災害廃棄物処理の現場を経験した自治体職員からは，前述した知識やスキルだけでなく，職員のマインドが非常に重要であると指摘されている．災害の規模が大きければ大きいほど，災害対応の現場は厳しい環境となり，被災者から大量の苦情や問い合わせが寄せられるだけでなく，ときにはご遺体を目にする場合もある．関連する事務処理の負担も大きく，業務が長期化するため，心身ともにタフであること，仕事に対する使命感があること，責任感，誠意，物おじしない明るく前向きな態度であること等を含む，行政官としての基本的な姿勢の重要性が指摘されている．また，刻々と状況が変化するため，物事に柔軟に対応していこうという態度も必要とされる．

5-2 自治体職員向けの研修の種類と特徴

森　朋子

近年，災害廃棄物分野では様々な自治体職員向けの研修手法が開発・実践されている．研修の設計にあたっては，組織における人材育成の目標と，各研修手法に期待できる効果や組織内で確保できるリソース等を勘案し，適切な研修手法を選ぶことが重要である．

様々な研修の種類

知識・能力を習得する手段にはOJT（on the job training）と，Off JT（off the job training）の2種類がある．ここでいうOJTとは，普段の廃棄物処理業務を通して基本的な能力を身に付けたり，災害廃棄物処理計画の作成や見直しを通して災害時に必要な知識を学んだりすることを意味する．また，ほかの自治体で災害が発生した際に，職員を派遣する等してその災害廃棄物処理を支援することも，OJTのひとつといえる．

一方，災害廃棄物に関する講義や図上演習等，教育研修を通した人材育成は，普段実施する業務外での能力向上機会であるOff JTといえる．災害対応に係る人材育成の取組事例や研究が多く蓄積されている防災分野では，災害危機管理の研修方法を「講義（座学）」「訓練」「演習」「総合訓練・演習」の4タイプに分け，講義によって知識を習得したのちに，演習で情報処理に習熟，訓練で実技を体得し，最後に総合訓練を実施することで能力の向上を図るという考え方が整理されている[4]．このような考え方を災害廃棄物分野にあてはめ，研修の具体イメージを整理した結果を表1に示す．

講義（座学）

表1の講義（座学）は，災害廃棄物処理を行ううえで必要な基本的な知識を体系的に身に付けるのに有効な方法である．また，後述する演習と比べると，1回あたりの受講者数をより多く設定することが可能である．

1 災害エスノグラフィー　過去の災害における個々の経験を体系的に整理し，災害現場に居合わせなかった人が追体験できる形にしたもの．

表1　災害廃棄物分野における研修体系のイメージ

研修の類型		災害廃棄物分野で想定される研修のイメージ（例）
講義（座学）		① 被災経験者による過去の災害廃棄物処理事例における課題やノウハウに関する講義 ② 有識者による一般化された知識を体系的に習得する講義
演習（参加型研修）	討論型 図上演習	③ 災害の規模や種類を想定し，災害廃棄物処理の状況（発生する課題）と対応策を議論するワークショップ ④ 災害の規模や種類を想定し，災害廃棄物処理の具体的な対策を試行する机上演習 ⑤ 災害エスノグラフィー**1**に基づいた個別の災害廃棄物処理局面（仮置場の管理等）における様々な判断を題材としたグループディスカッション
	対応型 図上演習 （問題発見型）	⑥ 実際にあった過去の災害廃棄物処理の状況に沿った状況付与を災害時間に沿って行い，現行体制の問題点を整理する机上演習
	対応型 図上演習 （計画検証型）	⑦ 事前に策定した災害廃棄物処理計画を用い，実際の災害状況を模擬して付与される状況（課題）に対応できるか検証する机上演習
訓練		⑧ 混合廃棄物や有害廃棄物の分別・取り扱い訓練，仮置場での実働訓練（実技）

災害廃棄物分野における座学研修の内容は，過去の災害廃棄物処理のノウハウを学ぶ経験談の共有と，一般化された知識を体系的に学ぶ講義の，大きく2種類に分けることができる．前者は，過去に災害廃棄物処理を経験した方を講師として招いたり，災害廃棄物処理の支援に派遣された自組織の一員から話を聞いたりすることが考えられる．同じ自治体職員という立場から，災害対応の臨場感ある経験談を聞くことは，処理の実態を学ぶだけでなく，災害廃棄物に取り組もうという研修参加者のモチベーションを向上させることにも効果がある．後者はテーマに応じて他部局，環境省，学識経験者等に講師を依頼するほか，既存の基礎教材を活用して組織内で実施することが考えられる．

演習（参加型研修）

表1の演習（参加型研修）では受講者自らが手や頭を動かし，与えられた課題に対して討議を行ったり，成果物を作成したりする．こうした研修方法は，災害廃棄物対策に対する受講者の意識を高めたり，関係者間の人的ネットワークを構築したりするうえで有効であるほか，説明力，想像力，判断力といったスキルの習得にも寄与すると考えられる．しかしその一方で，災害廃棄物処理に必要とされる知識を体系的に学習するには不向きな研修方法と言える．

演習のうち，討論型図上演習とは，研修受講者がグループになって，与えられたテーマについて議論を行いながら成果物を作成することで，災害時の課題や業務イメージを醸成する演習である．対応型図上演習とは，実際の災害時を模擬して与えられる「状況」（課題）に対して，時間的制約のもと，机上で具体的な対応行動をとり，現行体制の問題点を発見したり，既存の計画が有効に機能するかを検証したりする演習である．

訓練

表1の訓練とは，机上で情報処理を行う「演習」とは異なり，実技の習得を目指すものである．まだ実績は多くはないが，一部の市町村では表1の⑧に該当する実働訓練が実施されている．このような訓練は自治体の規模に関係なく実施でき，なおかつ災害時に必要とされる現場での手順を関係者内で確認したり，必要な資材を事前に準備したりすることに役立つと考えられる．

■これまでに実施された参加型研修例とその特徴

研修類型のうち，研修受講者が議論し合ったり付与された課題への対応を考えたりする演習（参加型研修）は，受講者が主体的，実践的に学ぶことができる手法として，近年注目を集めている．ここでは，これまでに国内で実施されたことのある研修事例として，討論型の「課題・対応策抽出ワークショップ」と「処理フロー作成演習」，対応型の「状況対応図上演習」と「シナリオ確認図上演習」の4つをとりあげ，これらの方法の特徴や期待できる効果，研修対象者の学習段階，準備に必要となるリソース等を表2にまとめた．なお，災害廃棄物分野の参加型研修はまだ開発途上であり，方法が

表2 国内で実績のある災害廃棄物分野の参加型研修事例とその特徴

表1の分類	研修方法名	方法の概要	期待できる効果	対象者の学習段階			実施に必要なリソースと留意点
				意欲がある	知っている	できる	
討論型図上演習（表1の③，④）	課題・対応策抽出ワークショップ	災害時に想定される災害廃棄物処理の課題やその対応策を付箋に書き出し，模造紙上に貼り付けたうえで，グループで討議しながら，それらを様々な軸（例：災害の時間フェーズ，課題の種類，担当組織等）で整理して取りまとめる演習．	●災害廃棄物対策に対する意識（関心，やる気等）が向上する． ●参加者同士で災害廃棄物処理に関して共通理解が図れる． ●災害廃棄物対策として取り組む事項が整理される（計画・マニュアル作りへのインプット）． ●災害時に必要な人的ネットワークを形成し，顔の見える関係性ができる．	○			●グループごとにファシリテーターを配置したほうが望ましい． ●グループでの議論結果を評価・講評する専門家や災害対応経験者が必要． ●導入の話題提供やルール説明を含めると，半日～1日の研修時間が必要．
	処理フロー作成演習	被災都市，発生災害，災害によって生じた廃棄物等についての諸条件を設定したうえで，参加者がグループに分かれて討議し，災害廃棄物の発生源から最終処分もしくはリサイクルまでの一連の処理フローを作成する演習．	●災害廃棄物処理の全体像を理解することができる． ●処理フローを作成する上での留意点に気付く． ●災害時に必要な人的ネットワークを形成し，顔の見える関係性ができる．			○	●作成した処理フローを評価・講評するための専門家や災害対応経験者が必要． ●処理フロー作成に必要な設定条件を作成するため，十分な準備期間が必要． ●演習で作成する処理フローが発災後どのフェーズで作成するものか，何の目的のために作成するものかを開始前に参加者に十分周知しておくことが必須．
対応型図上演習（表1の⑥，⑦）	状況対応図上演習（問題発見型）	参加者は仮想都市の廃棄物担当課職員であるという想定のもと，災害時に発生する様々な廃棄物関連の課題を次々と付与し，それらに対する対応策をグループで検討・判断する演習．	●災害時の実際的な状況や課題のイメージが得られる． ●限られた時間の中で適切な対応を行うことの重要性が理解できる． ●災害時の組織体制，情報収集，協定，事前の計画等について見直すべき点が明らかになる． ●災害時に必要な人的ネットワークを形成し，顔の見える関係性ができる．		○	○	●演習のもととなる仮想の災害や都市を設計するため，十分な準備期間が必要． ●演習の目的に応じて，参加者に付与する課題の設計が必要． ●付与される課題への対応だけでなく，災害対応全般についての理解を促すことが重要． ●演習実施後，参加者や関係者による検証や見直しを行うことが重要．
	シナリオ確認図上演習（計画検証型）	想定災害における各主体の対応シナリオを作成したうえで，参加者をグループに分け，各グループの役割（被災市・県，応援県等）に応じてシナリオの手順（連絡，情報共有等）を実行する演習．	●災害時に実行すべき手順が関係者内で共有される． ●災害時の手順（マニュアル）の見直すべき点が明らかになる． ●地域の関係主体間で課題意識が共有される． ●災害時に必要な人的ネットワークを形成し，顔の見える関係性ができる．		○	○	●訓練のもととなる対応シナリオの作成が必要． ●対応シナリオを事前に関係者間で検討・共有するための時間が必要． ●演習実施後，参加者や関係者による検証等を通して，対応シナリオの見直しを丁寧に行うことが重要．

十分に確立されている段階ではないことに留意いただきたい．

市民による災害廃棄物ワークショップ

本項目では，自治体職員を対象とした事前訓練について主に述べているが，市民を対象とした勉強会や話し合いの場も生まれつつある．

例えば神奈川県川崎市の市民グループ「3R推進プロジェクト」では，2017年9月に市民の有志が集まり，災害廃棄物に関するワークショップを開催した（図1）．このワークショップではまず，近年発生した災害とそのときに発生した災害廃棄物処理の概要について専門家からの講義を受け，その後参加者がグループに分かれて市民が災害廃棄物に対してできることを考えた．参加者は，ふだん家から出されるごみの3R対策については詳しい人が

図1　川崎市でのワークショップの様子（2017年9月撮影）

　多かったものの，災害時に出てくるごみの話ははじめて聞くという人がほとんどであり，専門家の講義を熱心に聞き入っていた．後半のグループ討論では，自分たちの住む地域で災害が起きた場合を想像し，ごみの出し方や地域での協力の仕方について，多くの疑問や提案が出され，活発な議論が行われていた．

　防災分野では，市民向けの勉強会や訓練が数多く行われているが，災害廃棄物分野では，こうした取り組みはまだまだ少ないのが現状である．しかし近年の災害経験からは，発生する災害廃棄物の量が多い場合，自治体職員のマンパワーだけでは秩序だったごみの排出が難しいことが明らかになりつつある．今後，排出者である市民が事前に災害廃棄物について学び，自治体と協力体制を築けるような取り組みが，ますます求められることだろう．

5-3 様々な研修の事例

森　朋子・森嶋順子・夏目吉行

都道府県や市町村では，災害廃棄物対策をテーマとした様々な研修が実施されている．研修を主催する自治体の問題意識やリソースを勘案し，それに対応する研修手法を組み合わせることが重要である．

兵庫県における問題発見型の図上演習

　1995年に起きた阪神・淡路大震災では約2千万トンもの災害廃棄物が発生し，神戸市等兵庫県内の被災市町村がその処理にあたった．しかし発災から20年以上が経ち，当時培った災害廃棄物処理のノウハウが新しい世代の自治体職員に十分に引き継がれていないことが問題となっていた．そこで兵庫県では2014年度から毎年，県および市町村の職員を対象とした研修を実施し，県全体の災害対応力向上を目指している．

　取り組み開始から4年目にあたる2017年度には，直下型地震の発災初期を想定し，仮置場の設置・運営に必要な業務を具体的に理解することを目的として，問題発見型の図上演習を実施した（図1）．図上演習で参加者に投げかけられた課題は，事前に開催されたワークショップの結果や過去の演習等を参考に，仮置場での人材や資材の不足，市民からの問い合わせ，危険物の持ち込み，協定締結先である民間事業者との調整等，過去の災害で実施に問題となった課題が数多く盛り込まれた．また，県職員だけでなく，県内の比較的規模の大きい市町村や災害経験をもつ市町村の職員を企画の早い段階から巻き込むことで，不足しがちな運営側の人的リソースを確保している点も特徴的であった．

三重県におけるスペシャリスト人材養成講座

　三重県では南海トラフ地震が起きた場合，大きな被害が想定されているほか，大規模な水害にも度々見舞われている．こうした背景をふまえ，管内の各ブロックで災害廃棄物処理に詳しい人材を養成することを目的とした「災害廃棄物処理スペシャリスト人材育成講座」を2016年から3年間にわたって

図1　図上演習の様子（2017年11月撮影）

図2　人材育成講座：講義の様子（左），実地研修の様子（中央），ワークショップの様子（右）
（いずれも三重県提供）

実施した（図2）．

　この講座は前期講座が3日間，実地研修[1]が1日間，後期講座が2〜3日間と，自治体が実施する研修としては長く，講義や演習等，多くの研修方法をうまく組み合わせていることが大きな特徴である．三重県でのこの取り組みは，集中講座を特定の職員に受講してもらい，災害廃棄物処理について高い知見をもつ人材を地域ブロックごと[2]に育成することで，いざというときはその地域での廃棄物処理の核となる人材を確保しようという，先進的な事例といえる．また，研修カリキュラムの内容に合わせて学識経験者，被災経験のある自治体職員，県の防災部局職員等，幅広い講師を確保している点も参考になる．

堺市における災害廃棄物処理計画を活用したワークショップ

　大阪府堺市は近畿地方の中央部に位置し，人口約83万人（2020年9月時点）を有する政令指定都市であり，災害廃棄物処理計画を策定しているだけでなく，市独自での研修を実施している先進的な自治体のひとつである．2017年には，市の環境局を主とした職員を対象に，災害廃棄物処理計画に記載されている様々な業務をカードにしたユニークなワークショップを実施している（図3）．このワークショップではまず，参加者が計画で定められている災害時の業務班（総務班，災害がれき班，収集班，施設班）に分かれ，それぞれの班で発災後に実施する業務のカードを選んで時系列に並べて整理し，各業務を実行するうえでの問題点の書き出しを行った．つぎに，その問題点を解決するために平時に準備しておくべきことを議論し，付箋に書

[1]　実際に地震や水害の被害があった自治体を訪問し，処理の現場を見学したり，担当者と意見交換を行ったりする研修．

[2]　県内の市町村を，地理的特徴が似ており平時から関係の深い3つのブロックに分けたもの．

第5部　事前の訓練

図3　ワークショップの様子（2018年11月撮影，堺市提供）

き出して整理した．こうしたワークショップを実施することで，単に計画を文書として持っているだけでなく，災害時に各自が実行する業務の詳細や順番が関係者間で共有されるとともに，計画に書かれていることに実効性をもたせるために，普段から実施しておくべきことが明確にされていた．また，ワークショップでは災害廃棄物処理に関連する他部署の職員や，比較的職位の高い職員を巻き込むことに成功しており，多様な意見が活発に交わされていた点も参考になる．なお，同市では翌年以降も継続して市職員向けの研修を実施している．

■豊田市における仮置場の設置・運営訓練

豊田市は愛知県のほぼ中央から北東の内陸部に位置しており，海に面していないことや比較的地盤が固いことから，南海トラフ地震では周辺市町と比べて災害廃棄物の発生量が少ないと考えられている．したがって被災時でも支援を受けにくく，逆に周辺市町から支援を求められることが想定されるため，環境部全体を対象に初動対応力向上を目的とした実地訓練を実施した．

実地訓練では災害廃棄物処理計画に一次仮置場候補地として記載されている市の不燃物処分場内の埋め立て予定地において，あらかじめ計画しておいたレイアウトにあわせて現地の測量，コーンによる仕切り，誘導用の矢印板や分別の表示板等の設置後，重機の駐車スペースの確認や疑似ごみの分別荷降ろしが実施された（図4，5）．

実際の候補地で行われたことで，予定していた場所に資材等が置かれ使用できないことが判明したことや，数字上広いと思っていた候補地（約1.4 ha）も実際に現地で廃棄物のレイアウトを検討すると想像以上に狭く，すぐに満量になってしまうであろうことが体感として得られていた．また，搬入口での車両重量の測定は時間がかかりすぎて現実的でないことや，保有している資機材の改善アイデアについて意見が出される等，机上の研修よりも具体的なイメージを得ることができていた．

図4　コーンの設置の様子（2019年3月撮影）

図5　疑似ごみの分別荷卸ろしの様子（2019年3月撮影）

熊本地震の災害廃棄物処理と
その経験と記憶の継承

吉澤和宏・太田弘巳

　大規模災害時の災害廃棄物処理にあっては，国・県・市町村および事業者との適切な連携が不可欠であり，また，被災地間の連携による過去の災害の実績をふまえた取り組みの継承が重要である．

▶▶ 熊本地震の概要

　平成28（2016）年4月14日および16日の2度にわたり，震度7の激烈な地震が熊本の地を襲い，多くの尊い命が失われた．この平成28年熊本地震は，震度7の地震が立て続けに2回発生したことに加え，震度6弱以上の地震が2日以内に計7回発生する等，観測史上類を見ない地震であった．また，発災以降，4,500回を超える余震が続き，住家の被害は，8,000棟を超える全壊家屋を含め約20万棟に及んだ．

▶▶ 災害廃棄物の処理

　早期の復旧・復興の第一歩として，まず早急な対応が求められたのが，倒壊した建物をはじめとした災害廃棄物の処理であった．最終的に処理した災害廃棄物の量は約311万トンに及んだが，「発災から2年以内の処理終了」という高い目標を掲げた「熊本県災害廃棄物処理実行計画」を策定し，処理を進めた．

　発災から概ね2年後となる2018年3月末時点で公費解体の進捗率が99.9％となるなど，当初の目標を概ね達成することができたのは，国の御支援のもと，県，市町村および関係団体との連携によるところが大きかった．

市町村と関係団体との連携

　災害廃棄物処理でもっとも重要となるのが，仮置場の開設と適切な分別であるが，開設当初は，仮置場を運営する市町村職員に分別する品目の区分，搬出等の知識がなく対応に苦慮していた．

　このため，県が熊本県産業資源循環協会と平成21年に締結していた災害時支援協定に基づき，益城町等複数の市町村から同協会に対し，支援要請が行われ，同協会の関係企業が市町村の仮置場の運営・管理を支援した．その結果，協会のネット

表1　被害の状況

人的被害	死　　者	273人
	重軽傷者	2,738人
	合　　計	3,011人
住宅被害	全　　壊	8,642棟
	半　　壊	34,393棟
	一部損壊	155,194棟
	合　　計	198,229棟

注1：2021年2月12日現在（地震に関連
　　性がある被害を含む）
注2：人的被害には関連死を含む

図1　震度7に2度襲われた益城町（2016
年5月撮影，熊本地震アーカイブより，熊本県益城町提供）

ワークを生かした仮置場からの早期搬出と，搬入段階での分別の徹底が図られた．

県と市町村の連携

　県では甚大な被害により市町村単独での災害廃棄物の処理が困難と判断された7市町村（宇土市，南阿蘇村，西原村，御船町，嘉島町，益城町，甲佐町）の要請に応じ，県が災害廃棄物処理業務を受託し，二次仮置場を設置して処理を行った．

　二次仮置場では，市町村がとくに処理に苦慮していた被災家屋等の解体で生じる木くずや解体残さ等，20万トンを超える災害廃棄物を処理し，災害廃棄物処理の加速化や再資源化に大いに貢献することができた．

》》 処理プラントの岡山県での再利用

　二次仮置場の処理を受託した熊本県災害廃棄物処理事業連合体では東日本大震災で使用されたプラントの再活用を検討されたが，目的を終えたプラントは処分されるのが通例であり，活用できる状態で処理プラントは残されていなかった．

　熊本地震で使用したプラントも当初は処分される予定であったが，蒲島知事の「もったいない」との思いを受け，今後の大規模災害時にプラントの再活用により災害廃棄物を迅速に処理できるよう熊本県産業廃棄物処理協同組合で2018年7月から保管されることとなった．

　奇しくも，直後に発生した平成30年7月豪雨災害（2018年）で大きな被害を受けた岡山県倉敷市の災害廃棄物二次仮置場でプラントが再活用されることとなったが，熊本地震の際には機械の製作から据え付けまで6か月を要した期間が，岡山では約2か月と大幅に短縮された．さらに，プラントに加え，その運営を担っていた熊本の事業者の主力メンバーも岡山に出向き，岡山県の地元の事業者を支え，熊本地震のノウハウを踏まえた二次仮置場の運営がなされ，2020年4月に処理が終了した．

　プラントを再活用できれば，製作のための費用だけでなく，期間も大幅に縮減される．

　熊本地震で活用したプラントは，岡山県の災害廃棄物処理を終えた後，再度メンテナンスを施し，熊本で保管され，次の災害支援に備えている．しかし，災害が頻発する状況では当該プラントだけではまかなえないことは明らかであり，熊本での取り組みに共感され，災害に備えて保管されるプラントが増加することを期待したい．

図2　岡山県で再活用されたプラント（吉澤和宏撮影，2019年1月）
森本環境事務次官（当時），伊原木岡山県知事，蒲島熊本県知事を囲んで

文　　献

カラーページ：みんなで始める災害廃棄物対策

[1] 環境省 (2018)：平成30年版　環境・循環型社会・生物多様性白書，https://dot.asahi.com/dot/2016042600035.html

[2] 札幌市 (2019)：もしもの時の災害廃棄物処理の手引き，
https://www.city.sapporo.jp/seiso/keikaku/documents/saigai_tebiki.pdf

[3] 奈良県社会福祉協議会：https://www.shakyo.or.jp/hp/article/index.php?m=237&s=1243

[4] 廃棄物資源循環学会 (2012)：災害廃棄物分別・処理マニュアル，ぎょうせい

[5] 大和郡山市：時間経過別行動マニュアル，
https://www.city.yamatokoriyama.nara.jp/life/emergency/bousai/000449.html

第1部：災害廃棄物ことはじめ

[1] 河田恵昭 (1995)：『都市大災害：阪神・淡路大震災に学ぶ』，近未来社

[2] 環境省 (2014a)：災害廃棄物対策指針情報ウェブサイト　技術資料1-21 被災地でのボランティア参加と受け入れ，
https://www.env.go.jp/recycle/waste/disaster/guideline/pdf/parts/gi1-21.pdf (2020年7月24日確認)

[3] 環境省 (2014b)：災害廃棄物対策指針情報ウェブサイト　技術資料1-23 住民等への普及啓発・広報等（平常時），
https://www.env.go.jp/recycle/waste/disaster/guideline/pdf/parts/gi1-23.pdf

[4] 環境省 (2015)：大規模災害発生時における災害廃棄物対策行動指針，
https://www.env.go.jp/recycle/waste/disaster/h2711shishin.pdf (2019年7月14日確認)

[5] 環境省 (2018a)：災害廃棄物対策指針の改定，
http://www.env.go.jp/press/files/jp/108806.pdf (2019年10月1日確認)

[6] 環境省 (2018b)：災害廃棄物対策指針（改定版），
http://kouikishori.env.go.jp/guidance/guideline/pdf/position_of_pointer_main.pdf

[7] 環境省 (2018c)：災害廃棄物対策推進検討会について　平成29年度災害廃棄物対策推進検討会1-2，
http://www.env.go.jp/recycle/waste/disaster/earthquake/committee2.html (2020年7月24日確認)

[8] 環境省 (2020)：災害時の一般廃棄物処理に関する初動対応の手引き，
http://kouikishori.env.go.jp/guidance/initial_response_guide/pdf/initial_response_guide_main.pdf

[9] 環境省 a：災害廃棄物対策指針の位置づけ，
http://kouikishori.env.go.jp/guidance/pdf/guidance_01.pdf (2019年10月1日確認)

[10] 環境省 b：災害時の一般廃棄物処理に関する初動対応の手引き，
http://kouikishori.env.go.jp/guidance/initial_response_guide/ (2020年7月14日確認)

[11] 切川卓也 (2015)：災害廃棄物対策の強化に向けた国の取り組みについて，廃棄物資源循環学会誌，26 (5)，pp.341-353

[12] 国土交通省 (2017)：災害時のトイレ，どうする？
https://www.mlit.go.jp/common/001180224.pdf (2020年7月24日確認)

[13] 中央防災会議 (2019)：南海トラフ地震防災対策推進基本計画，
http://www.bousai.go.jp/jishin/nankai/pdf/nankaitrough_keikaku.pdf

[14] 日本トイレ研究所：災害用トイレガイド，https://www.toilet.or.jp/toilet-guide/ (2020年7月24日確認)

[15] 廃棄物資源循環学会 (2018)：「アジア・太平洋地域における災害廃棄物管理ガイドライン」，
https://www.env.go.jp/press/files/jp/110165.pdf

[16] 廃棄物資源循環学会編著 (2012)：『災害廃棄物分別・処理実務マニュアル』，ぎょうせい

[17] 目黒公郎・村尾　修 (2016)：『地域と都市の防災』，NHK出版

[18] UNEP/OCHA/MSB (2011)：Disaster Waste　Management Guidelines，
https://www.unocha.org/sites/unocha/files/DWMG.pdf

第2部：計画立案に関するコンセプトや基本事項

[1] 環境省 (2014)：災害関係業務事務処理マニュアル，
https://www.env.go.jp/recycle/waste/disaster/manual140625set.pdf

[2] 環境省 (2019)：災害廃棄物対策指針，技術資料14-2 災害廃棄物の発生量の推計方法，
http://kouikishori.env.go.jp/guidance/download/pdf/046_gi14-2.pdf

[3] 環境省関東地方環境事務所・常総市 (2017)：平成27年9月関東・東北豪雨により発生した災害廃棄物処理
の記録，http://www.city.joso.lg.jp/soshiki/eisei/seikatsu/shs14/news/sgp1/1547181601796.html

[4] 中村　功 (2007)：「災害情報とメディア」，大屋根淳・浦野正樹・田中　淳・吉井博明編『災害社会学入門』，
pp.108-113，弘文堂

第3部：分別・処理戦略

[1] 太田　浩 (2013)：「エアゾール製品の製造・排出方法の現状：ガス抜きキャップ (中身排出機構) の装着推進
とその効果について」都市清掃，**66** (315)，pp.454-459

[2] 家電製品協会：https://www.aeha.or.jp/

[3] 家電製品協会家電リサイクル券センター：https://www.rkc.aeha.or.jp/

[4] 加藤　篤・永原龍典 (2010)：「震災時の避難所等のトイレ・衛生対策」，保健医療科学，**59** (2)，pp.116-124

[5] 環境省 (2012)：災害時の浄化槽被害等対策マニュアル 第2版，
https://www.env.go.jp/recycle/jokaso/data/manual/pdf_saigai/all_h2403.pdf

[6] 環境省 (2014)：災害廃棄物対策指針 技術資料1-20-13 津波堆積物の処理，
https://www.env.go.jp/recycle/waste/disaster/guideline/pdf/parts/gi1-20-13.pdf

[7] 環境省 (2017)：災害時における石綿飛散防止に係る取扱いマニュアル (改訂版)，
http://www.env.go.jp/air/asbestos/saigaiji_manual.html

[8] 環境省 (2018a)：平成30年台風第7号及び前線等により被災した太陽光発電設備の保管等について，
http://www.env.go.jp/recycle/waste/disaster/h30gouu/04_180706_solar.pdf

[9] 環境省 (2018b)：災害廃棄物対策指針 (改定版)，
http://kouikishori.env.go.jp/guidance/guideline/pdf/position_of_pointer_main.pdf

[10] 環境省 (2019a)：災害廃棄物対策指針 技術資料14-2 災害廃棄物の発生量の推計方法，
http://kouikishori.env.go.jp/guidance/download/pdf/046_gi14-2.pdf

[11] 環境省 (2019b)：災害廃棄物対策指針 技術資料18-2 仮置場の必要面積の算定方法，
http://kouikishori.env.go.jp/guidance/download/pdf/058_gi18-2.pdf

[12] 環境省 (2019c)：災害廃棄物対策指針 技術資料18-3 仮置場の確保と配置計画に当たっての留意事項，
http://kouikishori.env.go.jp/guidance/download/pdf/059_gi18-3.pdf

[13] 環境省a：被災したパソコンの処理について，https://www.env.go.jp/jishin/attach/hisai_pc.pdf

[14] 環境省b：粉じんが多い場所では，適切な性能を有する防じんマスクを正しく装着しましょう，
https://www.env.go.jp/jishin/attach/asbestos_mask-set_v2.pdf

[15] 環境省c：太陽光発電設備のリサイクル等の推進に向けたガイドライン，
https://www.env.go.jp/press/files/jp/110514.pdf

[16] 環境省d：廃棄物処理の進捗管理，
http://kouikishori.env.go.jp/archive/h23_shinsai/implementation/progress_management

[17] 国土交通省 (2011)：目で見るアスベスト建材 (第2版)，
https://www.mlit.go.jp/kisha/kisha08/01/010425_3/01.pdf

[18] 国土交通省 (2017)：下水道BCP策定マニュアル2017年版 (地震・津波編)，
https://www.mlit.go.jp/common/001202558.pdf

[19] 国土交通省：アスベスト対策Q&A，https://www.mlit.go.jp/jutakukentiku/build/Q&A/index.html

[20] 自動車リサイクル促進センター (2018)：被災自動車の処理に係る手引書・事例集 (自治体担当者向け)

[21] 地盤工学会 (2014)：災害廃棄物から再生された復興資材の有効活用ガイドライン，
https://www.jiban.or.jp/?page_id=428

[22] 新エネルギー・産業技術総合開発機構 (2014)：NEDO再生可能エネルギー技術白書 (第2版)，
https://www.nedo.go.jp/library/ne_hakusyo_index.html

[23] 東京都環境局：解体工事業者の方へ，https://www.kankyo.metro.tokyo.lg.jp/resource/industrial_waste/construction_waste/demolition_companies.html

[24] 徳島県 (2017)：徳島県災害時快適トイレ計画,
　　　https://anshin.pref.tokushima.jp/docs/2017032500017/files/toiletplan.pdf

[25] 内閣府 (防災担当) (2016)：避難所におけるトイレの確保・管理ガイドライン,
　　　http://www.bousai.go.jp/taisaku/hinanjo/pdf/1604hinanjo_toilet_guideline.pdf

[26] 内閣府 (防災担当) (2020)：災害に係る住家の被害認定基準運用指針, pp.2-9,
　　　http://www.bousai.go.jp/taisaku/pdf/r203shishin_all.pdf

[27] 日本船舶技術研究会 (2011)：船舶における適正なアスベストの取り扱いに関するマニュアル,
　　　https://www.jstra.jp/html/PDF/asbestos%20manual_2011.pdf

[28] 日本トイレ研究所, https://www.toilet.or.jp/

[29] 日本マリン事業協会：FRP 船リサイクルシステム, http://www.marine-jbia.or.jp/recycle/

[30] 廃棄物資源循環学会編著 (2012)：『災害廃棄物分別・処理実務マニュアル』, ぎょうせい

[31] 兵庫県 (2014)：避難所等におけるトイレ対策の手引き,
　　　https://web.pref.hyogo.lg.jp/governor/documents/g_kaiken20140407_0402.pdf

第4部：災害時の支援・受援

[1] 浅利美鈴・酒井伸一・平井康宏・矢野順也・奥田哲士 (2019)：環境研究総合推進費　終了研究成果報告書「災害廃棄物処理の実効性・安全性・信頼性向上に向けた政策・意識行動研究」(3K163009：平成28年度～平成30年度、代表：浅利美鈴), https://www.data.go.jp/data/dataset/env_20200528_0217

[2] 安達　忍・岸本健三郎・小山起男・岡　徹次・橘　敏明・花木陽人 (2016)：「～寄稿～災害廃棄物の適正処理と高リサイクル率の実現-広島市災害廃棄物処理業務-」, 国立環境研究所 災害廃棄物情報プラットフォーム 内 https://dwasteinfo.nies.go.jp/archive/interview/hiroshima_city.html,

[3] 奥田哲士・片岡蘭人・水原詞治・矢野順也・浅利美鈴・平井康宏 (2017)：発災直後の廃棄物や有害・危険物の廃棄に関する情報伝達, 環境科学会2017年会

[4] 環境省 (2018a)：災害廃棄物対策指針 技術資料1-20-11 水産廃棄物の処理,
　　　https://www.env.go.jp/recycle/waste/disaster/guideline/pdf/parts/gi1-20-11.pdf

[5] 環境省 (2018b)：災害廃棄物対策指針 (2018年改訂版),
　　　http://kouikishori.env.go.jp/guidance/guideline

[6] 環境省：災害廃棄物対策指針 技術資料【技12】被災地でのボランティア参加と受入れ,
　　　http://kouikishori.env.go.jp/guidance/download/ 内

[7] 環境省中国四国地方環境事務所・広島市環境局 (2016)：平成26年8月豪雨に伴う広島市災害廃棄物処理の記録, http://www.city.hiroshima.lg.jp/ 内

[8] 関西学院大学災害復興制度研究所 (2016)：『災害ボランティアハンドブック』, 関西学院大学出版会

[9] 教育システム支援機構, https://www.bohsai.jp/ 内

[10] 熊本県 (2019)：平成28年熊本地震における災害廃棄物処理の記録, https://www.pref.kumamoto.jp/ 内

[11] 熊本市 (2017)：平成28年4月熊本地震に係る熊本市災害廃棄物処理実行計画 (第3版),
　　　https://dwasteinfo.nies.go.jp/

[12] 熊本市：ごみの分別収集と処理について (植木地区を除く), https://www.city.kumamoto.jp 内

[13] 倉敷市 (2017)：平成29年度7月版「家庭ごみの出し方」(倉敷・水島・児島・玉島・船穂地区),
　　　https://static.okayama-ebooks.jp/ 内

[14] 倉敷市 (2018)：平成30年7月豪雨に伴う倉敷市災害廃棄物処理実行計画,
　　　https://www.city.kurashiki.okayama.jp 内

[15] 全国災害ボランティア支援団体ネットワーク (JVOAD), http://jvoad.jp/about/activity/

[16] 全国社会福祉協議会 被災地支援・災害ボランティア情報：東日本大震災のボランティア活動を希望される方へ, https://www.saigaiVC.com/

[17] 橘　敏明・深田雅史・大山　将・林　篤嗣・奥田　学 (2015)：「災害廃棄物の選別過程で発見された「思い出の品等」について」, 第26回廃棄物資源循環学会研究発表会講演原稿, 145-146

[18] 内閣府 (2010)：防災ボランティア活動の多様な支援活動を受け入れる地域の「受援力」を高めるために,
　　　http://www.bousai.go.jp/ 内

[19] 内閣府 (2018)：防災における行政のNPO・ボランティア等との連携・協働ガイドブック,
　　　http://www.bousai.go.jp 内

[20] 内閣府a：防災情報のホームページ, http://www.bousai.go.jp 内

[21] 内閣府b：防災における行政とNPO・ボランティア等との連携・協働促進のための行政職員向け研修テキスト, http://www.bousai.go.jp 内

[22] 内閣府c：TEAM防災ジャパン，https://bosaijapan.jp/ 内

[23] 廃棄物資源循環学会 (2012)：『災害廃棄物分別・処理業務マニュアル』，ぎょうせい

[24] ピースボート災害ボランティアセンター編 (2017)：『災害ボランティア入門』，合同出版

[25] 広島市・広島市社会福祉協議会 (2017)：災害ボランティアハンドブック ボランティア活動をするには受け入れるには，http://www.city.hiroshima.lg.jp 内

[26] 広島市社会福祉協議会 (2016)：平成26年8月20日の豪雨災害 広島市・区社会福祉協議会活動報告書，https://shakyo-hiroshima.jp 内

[27] 三谷はるよ (2015)：一般交換としての震災ボランティア―「被災地のリレー」現象に関する実証分析―，理論と方法，**30** (1)，pp.69-83

[28] 山根義生・奥田哲士・水原詞治・矢野順也・浅利美鈴 (2016)：災害時の有害物および危険物の不適切排出リスクに関する意識調査」第27回廃棄物資源循環学会研究発表会 講演原稿206

[29] AERAdot. (2016)：感動ポルノ、就活ネタ作り…GWに被災地へ殺到する「モンスターボランティア」，https://dot.asahi.com/dot/2016042600035.html

[2] を除き2019年7月7日閲覧，[2] は2020年7月20閲覧．

第5部：事前の訓練

[1] 国立環境研究所 (2017a)：災害廃棄物に関する研修ガイドブック1-総論編：基本的な考え方

[2] 国立環境研究所 (2017b)：災害廃棄物に関する研修ガイドブック2-ワークショップ型研修編

[3] 国立環境研究所 (2018)：災害廃棄物に関する研修ガイドブック3-対応型図上演習編

[4] 図上演習研究会 (2011)：図上演習入門，内外出版

索　引

災害廃棄物管理ガイドブック

平時からみんなで学び，備える　　　　　　　　定価はカバーに表示

2021 年 9 月 1 日　初版第 1 刷

編集者　一般社団法人
　　　　廃棄物資源循環学会

発行者　**朝 倉 誠 造**

発行所　株式会社　**朝 倉 書 店**

　　　　東京都新宿区新小川町6-29
　　　　郵 便 番 号　　162-8707
　　　　電　話　03(3260)0141
　　　　Ｆ Ａ Ｘ　03(3260)0180
　　　　https://www.asakura.co.jp

〈検印省略〉

ⓒ 2021 〈無断複写・転載を禁ず〉　　　　シナノ印刷・渡辺製本

ISBN 978-4-254-18059-6　C 3036　　　Printed in Japan

宮教大 小田隆史編著

教師のための防災学習帳

50033-2 C3037　　　　　B 5 判 112頁 本体2500円

教育学部生・現職教員のための防災教育書。〔内容〕学校防災の基礎と意義／避難訓練／ハザードの種別と地形理解，災害リスク／情報を活かす／災害と人間のこころ／地球規模課題としての災害と国際的戦略／家庭・地域／防災授業／語り継ぎ

檜垣大助・緒續英章・井良沢道也・今村隆正・
山田　孝・丸谷知己編

土 砂 災 害 と 防 災 教 育
―命を守る判断・行動・備え―

26167-7 C3051　　　　　B 5 判 160頁 本体3600円

土砂災害による被害軽減のための防災教育の必要性が高まっている。行政の取り組み、小・中学校での防災学習、地域住民によるハザードマップ作りや一般市民向けの防災講演，防災教材の開発事例等,土砂災害の専門家による様々な試みを紹介。

日本地すべり学会　斜面防災危険度評価ガイドブック編集委員会編　八木浩司・林　一成編集代表

斜面防災危険度評価ガイドブック
―斜面と地すべりの読み解き方―

26173-8 C3051　　　　　B 5 判 136頁 本体3300円

地形の判読から地すべりの危険度を評価し，その評価手法も詳説したガイドブック。斜面災害へ備えるための一冊。〔内容〕斜面の地形発達と変動／地すべり地形の判読と評価／地すべり地形読図の階層化と定量化／数値地形情報による展開

気象業務支援センター 牧原康隆著

気象学ライブラリー 1

気 象 防 災 の 知 識 と 実 践

16941-6 C3344　　　　　A 5 判 176頁 本体3200円

気象予報の専門家に必須の防災知識を解説。〔内容〕気象防災の課題と気象の専門アドバイザーの役割／現象と災害を知る／災害をもたらす現象の観測／予報技術の最前線／警報・注意報・情報の制度と精度を知る／他

東大 平田　直・東大 佐竹健治・東大 目黒公郎・
前東大 畑村洋太郎著

巨 大 地 震 ・ 巨 大 津 波
―東日本大震災の検証―

10252-9 C3040　　　　　A 5 判 212頁 本体2600円

2011年3月11日に発生した超巨大地震・津波を，現在の科学はどこまで検証できるのだろうか。今後の防災・復旧・復興を願いつつ，関連研究者が地震・津波を中心に，現在の科学と技術の可能性と限界も含めて，正確に・平易に・正直に述べる。

前筑波大 松井　豊著

看護職員の惨事ストレスとケア
―災害・暴力から心を守る―

33011-3 C3047　　　　　A 5 判 132頁 本体2500円

看護職員が日常業務や自然災害で被る惨事ストレスとそのケアのあるべき姿を解説。〔内容〕惨事ストレスとは／日常業務で看護職員が被る惨事ストレス／被災した看護職員・看護管理職員の惨事ストレス／被災した看護職員のストレスケア／他

歴博 樋口雄彦編

国立歴史民俗博物館研究叢書 6

資料が語る災害の記録と記憶

53566-2 C3321　　　　　A 5 判 176頁 本体3400円

資料を学際的な視点から検討し，日本の災害史を描く。〔内容〕高分解能古気候データと災害史研究／水害にかかわる環境と初期農耕社会集落動態／登呂遺跡と洪水／幕末・明治の出水と災害表象／明治初年の治水と技術官僚／民俗学の災害論

JTB総研 髙松正人著

観光危機管理ハンドブック
―観光客と観光ビジネスを災害から守る―

50029-5 C3030　　　　　B 5 判 180頁 本体3400円

災害・事故等による観光危機に対する事前の備えと対応・復興等を豊富な実例とともに詳説する。〔内容〕観光危機管理とは／減災／備え／対応／復興／沖縄での観光危機管理／気仙沼市観光復興戦略づくり／世界レベルでの観光危機管理

前学芸大 白坂　蕃・前立大 稲垣　勉・前立大 小沢健市・
松蔭大 古賀　学・前東大 山下晋司編

観　光　の　事　典

16357-5 C3525　　　　　A 5 判 464頁 本体10000円

人間社会を考えるうえで重要な視点になってきた観光に関する知見を総合した，研究・実務双方に役立つ観光学の総合事典。観光の基本用語から経済・制度・実践・文化までを網羅する全197項目を，9つの章に分けて収録する。〔内容〕観光の基本概念／観光政策と制度／観光と経済／観光産業と施設／観光計画／観光と地域／観光とスポーツ／観光と文化／さまざまな観光実践〔読者対象〕観光学の学生・研究者，観光行政・観光産業に携わる人，関連資格をめざす人

日本災害情報学会編

災　害　情　報　学　事　典

16064-2 C3544　　　　　A 5 判 408頁 本体8500円

災害情報学の基礎知識を見開き形式で解説。災害の備えや事後の対応・ケアに役立つ情報も網羅。行政・メディア・企業等の防災担当者必携〔内容〕[第1部：災害時の情報]地震・津波・噴火／気象災害[第2部：メディア]マスコミ／住民用メディア／行政用メディア[第3部：行政]行政対応の基本／緊急時対応／復旧・復興／被害軽減／事前教育[第4部：災害心理]避難の心理／コミュニケーションの心理／心身のケア[第5部：大規模事故・緊急事態]事故災害等[第6部：企業と防災]

上記価格（税別）は 2021 年 8 月現在